Das große Welpenbuch für Familien

【德】赫斯特 · M.艾克（Hester M. Eick）/ 著

贾裕民 / 译

中华工商联合出版社

图书在版编目(CIP)数据

小奶狗养育指南：家庭版 / (德) 赫斯特 · M.艾克著；贾裕民译. 一北京：中华工商联合出版社，2019.7

ISBN 978-7-5158-2521-2

Ⅰ.①小… Ⅱ.①赫… ②贾… Ⅲ.①犬－驯养－指南 Ⅳ.①S829.2-62

中国版本图书馆CIP数据核字（2019）第115298号

小奶狗养育指南：家庭版

作　　者：【德】赫斯特 · M.艾克
译　　者：贾裕民
策划编辑：付德华
责任编辑：楼燕青
封面设计：周　源
责任审读：郭敬梅
责任印制：迈致红
出版发行：中华工商联合出版社有限责任公司
印　　刷：北京毅峰迅捷印刷有限公司
版　　次：2019年8月第1版
印　　次：2019年8月第1次印刷
开　　本：880mm×1230mm　1/32
字　　数：200千字
印　　张：8.125
书　　号：ISBN 978-7-5158-2521-2
定　　价：48.00元

服务热线：010-58301130
销售热线：010-58302813
地址邮编：北京市西城区西环广场A座
19-20层，100044
http://www.chgslcbs.cn
E-mail: cicap1202@sina.com(营销中心)
E-mail: gslzbs@sina.com(总编室)

前言

虽说没有小奶狗也能过日子，
但却缺少了一份真诚的乐趣。
——海因茨·鲁曼

当你的孩子又瞪着他那圆圆的大眼睛看着你说：“妈妈，玛丽亚的父母送了她一只可爱的小奶狗，我们家也养一只吧！求你了！”你会有怎样的感受?

随着时间的推移，你再也无法拒绝孩子的请求，而且你的理由也逐渐让自己觉得有些乏味了。此外，科学研究早已表明，与动物一起成长的孩子能更好地学会待人处事之道以及社会应有的行为规则！当家里有了一只小奶狗以后，你的孩子就没有借口再赖在沙发上、蹲在电视机前或沉迷于游戏机里。

必须定期带狗狗到户外活动，这对全家人而言都有益。“真的，我每天都会陪它一起去散步。妈妈，你不用担心。我保证！”孩子的话音刚落，也许你的思绪已经飞到了车里，急着要去挑选一只小狗崽了。尽管你很清楚养狗的所有事情最终可能还是会落到你头上，你的脑海中已经开始想象有小奶狗之后的后续工作安排。通常，你周围的很多人在听到风声后会不请自来地告诉你该怎样做、做什么、为什么要这样做等。作为狗狗的准主人，你必须要尽的义务是：幼犬在两周后要学会不得随

地大小便，否则它就是有些不正常；无论如何，它都要戴嘴罩；其实，应该给小奶狗戴上颈圈，这一点很重要；配一根牵狗用的绳子；幼犬必须从一开始就知道谁是一家之主；狗是有感情的动物，所以对它们说话时尽量柔声细语；最初的几周，要把训练项目安排得紧凑些，以便让小奶狗尽快熟悉它周围的所有东西：电动割草机、有轨电车、邻居、飞机、鸭子、垃圾车、圆锯……

以上林林总总，听起来是不是感觉很麻烦？其实，你完全不用担心！本书将帮助你确定哪些事情必须优先解决，帮你区分各种事情的重要程度，并教你如何做好时间管理。虽然你的小奶狗要学习很多东西，但有些本领是你必须要教会你的小奶狗的。不过，一天只有24小时。在这么短的时间里，我们不但要安排好我们的工作、家庭和爱好，还要处理好一些不可预见的事情。因此，为了我们能在未来可以妥善地处理好所有的事情，我们偶尔也要睁一只眼闭一只眼：因为无论我们为新到来的家庭成员做了多少准备工作，有时还是会不尽如人意，所以请怀着愉快的心情接受新的挑战吧！问题就摆在那里，它们等待着你去解决。

学习也意味着尝试新的事物。每一次所犯的错误都会帮助我们下一次做得更好，因为失败乃成功之母。如果你尽了最大的努力，后来却发现你选择的方法并不是最正确的，那么花点时间思考一下，为什么A方案不适合你和你的家人，下次尝试一下B方案或C方案。古语有云：“条条大路通罗马。”这句话也同样适用于我们对小奶狗的训练方法上。世上

不止有一条“正确”的道路，因为我们每个人都不同——我们所处的环境不同，我们的生活状况也不同，所以我们的训狗方法也不可能相同。

就算家里被弄得一团糟，也不要把幼犬置于家庭的首要位置。不可否认，养狗的第一年你可能会非常辛苦。但是，在这一年的时间里对幼犬进行细心认真和一如既往的照顾是非常值得的。你会收获辛勤耕耘的丰硕成果——你一定能看到！我将告诉你如何把你的小奶狗训练成一个有价值的家庭成员，同时我也会教你如何通过一些训练和指令大幅减少日常生活中的工作量的方法。

赫斯特·M.艾克

Hest M. Eck

术语解析

在本书中，相信大家经常会看到一些术语，为了方便大家理解，我将其中提到的最重要的概念做了如下解析：

“中止”信号：这是向狗狗传达的一个信号，告知它们应该立即中止当前正在做的事情。在理想的情况下，让它们以后也不要这样做。

咬合抑制：狗狗控制其咬合强度的能力。幼犬通过与它的同伴一起玩耍，逐渐学会了这种能力。而我们人类因为没有皮毛，因此必须再次向它传授咬合抑制的能力。

奖励：奖励是一种刺激或是一种行为，鼓励狗狗再次重复某个动作。在小奶狗的训练中，它可以是食物，抑或与小奶狗玩一些结伴游戏、跳入清凉的水中、爱心抚摸……

支配地位：如果一个人可以影响和控制一个或多个人的行为，那么他就会占据主导地位，也就是所说的支配地位。

避免犯错：我们的想法是从一开始就设计了一个学习情境，让小奶狗只能学到正确的东西。通过这种方式可以避免犯错（即不需要的行为），不然的话，我们以后还要重新训练它来纠正这些错误。

冲动控制：在心理学中可以理解为对自己的感受进行有意识的控制行为。生物在不愉快的紧张状态下会产生冲动，而它应该试图分解这种冲动。这种冲动的行为往往是无动机的，通常情况下都是被迫和自动产生的。

机会主义者：由于实用的原因，迅速而不加思考地去适应特定情况的人。狗狗被称为机会主义者，因为它们会选择最适合自己的行为。

青春期：青春期是儿童期和成年期之间的一段时间，在此期间会发生深刻的心理和生理变化。第二性征会越来越明显，同时出现性成熟和生长加速。

刺激：内部或外部的影响，比如炎热、压力、疼痛等……作用在感觉细胞上，导致它们发生反应。刺激也称为兴奋。只有通过刺激和反应的共同作用才能启动学习的进程。

制裁：针对其他人实施的一项措施，以惩罚或强迫做某些行为。

自我奖励行为：小奶狗内心的奖励体系所直接导致的行为。这种行为大多数出现在狩猎行动中，但也会导致小奶狗在花园栅栏边上狂吠，从而将邮递员赶走。

社会支配地位：在特定的资源上以及在特定的时间内，针对同类物种实施的占有行为。它既不是与生俱来的天性，也不是某种动物的“永久行为”。

兴奋：见“刺激”的解析。

VDH：德国犬类协会（VDH）是德国最大的犬类饲养和犬类运动组织。它也是世界犬业联盟（FCI）下的德国会员协会。

诱惑：是指在学习过程中分散注意力的行为，它会导致学习者的注意力被引导到其他地方上去。

增强：优先运用正面的放大作用来鼓励学习新的行为举止。这种增强是能让人愉快的行为，例如赞美、爱抚……可参见“奖励”的解析。

我们的小奶狗

小奶狗在这儿！

训练小奶狗

去野外

小奶狗的快乐生活！

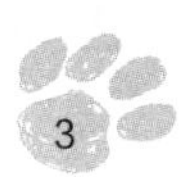

小奶狗的教育

基础训练
必须有

基础训练
最好有

现在是游戏时间

真正的
教育措施

现在是游戏时间

只是为了好玩！

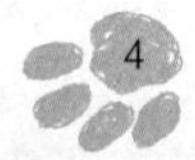

我们的小奶狗

怎样才能找到适合我们家的小奶狗？当然，如果你已经选好了你家的小奶狗，那么你可以跳过这个章节。或者，你也可以耐着性子仔细地读完这一章，看看你对这一章中所提到的建议是否考虑过一二。

大冒险开始了
——去挑选我们的小奶狗吧！

一旦做出决定，要为我们的家庭寻觅一位新成员，期待的兴奋感就会与日俱增。一场大冒险就要开始了——尤其是你的孩子，他一定会想，自己什么时候才能得到一只可爱的小奶狗呢？怎样确定哪只小奶狗是适合我们的家庭的呢？

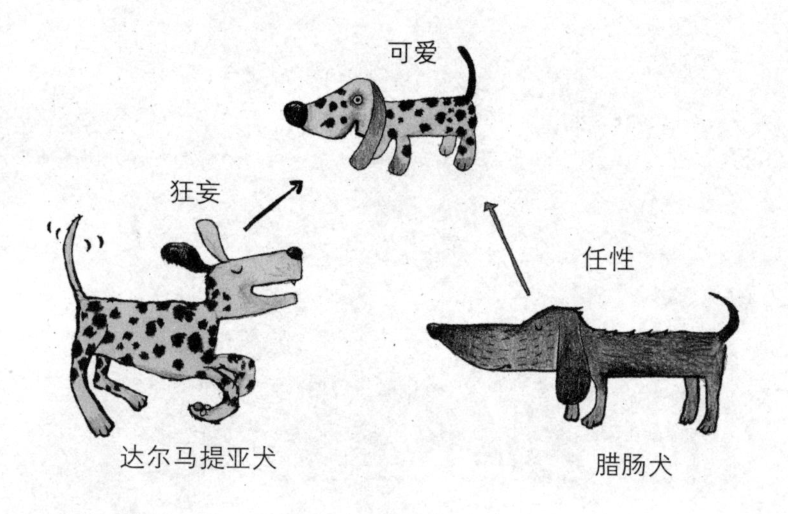

应该挑选什么品种的小奶狗？

当我清楚地了解到，我和我的孩子都真心想要一只小奶狗时，那么请把全家人对家庭成员及新成员的所有愿望都写下来是个好主意。

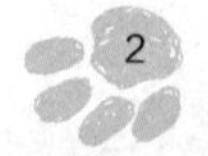

花点时间思考一下，你想要什么。你对你的小奶狗有什么期望？它应该如何来适应你的家庭？你对孩子有什么期望？你的孩子对你又有什么期望？你的孩子对小奶狗有什么期望？在日常生活中，如果有特殊情况发生，比如当你不在家的时候，是否需要请一个管家？

在此之前，请不要去看你的邻居，也不要看最热门的“十大狗狗”排行榜。一只大丹犬对于其他家庭来说也许很适合，但是我住在一幢没有电梯的公寓楼的6层，这恐怕就是一个不太合适的选择。想象一下，当你每天抱着一只大狗爬上爬下时，是不是会很累？这时，我认为杰克罗素梗犬就非常可爱。不过，如果我平时就是一个喜欢窝在沙发里的大懒人，我会很快为这只精力充沛的小奶狗而感到烦恼不已。

当回答了所有的问题之后，你就可以和家人一起捧着狗狗大百科全书尽情地浏览，寻觅你喜欢的狗狗品种。也许，你的邻居那里就有一只你所钟爱的小奶狗品种呢！

寻觅理想中的小奶狗

- □ 我想要什么？
- □ 我需要什么？
- □ 我的家人是否经常会到大自然中去活动？
- □ 我们的狗狗应该有很长的毛或是很短的毛？
- □ 家里还有其他动物吗？
- □ 我家的车有多大？当我们一起去度假时，我的家人、一条成年狗狗和狗箱能塞进我的车里吗？
- □ 当我们的狗狗发狂时，我的孩子能拉住它吗？
- □ 最初我究竟是为谁要的这条狗狗，为我，还是为孩子？（小奶狗的主要护理工作能否不依靠成人？）
- □ 当我骑着马或骑着自行车时，我们的狗狗是否得跟着一起跑？
- □ 我的孩子和我是否愿意经常和狗一起运动？

真的有适合你家饲养的小奶狗吗？

“有，也没有。”这是最诚实的回答。最终，它取决于你的家庭和你家庭的生活条件。如果我们不是按品种，而是按家庭角色来定义什么样的狗狗才适合家里饲养的话，那就容易多了。大多数情况下，我建议每个家庭能选择这样角色的狗狗：它在家里能保持平静、安逸和沉稳。这样的狗狗不会因家庭的混乱而使自己立即受到影响。狗类中有许多品种是这样的角色。在这一章中，我将逐一为大家介绍。

品种的选择

短毛牧羊犬

- □ 我很快乐且友好，从不发火，也不好斗。我很聪明、警惕，也有点威严。我的威严反映在我的体格中。当我跑起来的时候，会带着很强的优雅动感。
- □ 对我的主人来说，我会与他建立一种很亲密的关系。除了散步之外，如果有机会的话，我更愿意与我的主人待在一起。
- □ 我非常敏捷，善于慢跑，森林中的长距离散步或是徒步旅行，我都能跟上。如果我的主人骑自行车旅行的话，我就可以好好地放肆一下了。
- □ 我能和孩子们友好地相处。不管怎么说，一旦融入了家庭，我就会一直保持这种良好的状态。因为我喜欢这里，我可以的。

法国斗牛犬

- □ 虽然我个子小，但却力大无穷。可以这么说，我就如同一块动力强劲的电池。有时，我也会对自己的智慧感到惊讶不已。

- □ 我特别喜欢我的主人和孩子。我的另一个优点就是我的体型，我可以在一个较小的公寓里轻松自在地生活。我短小丝滑的皮毛也不会给家里带来太多的卫生问题。

- □ 由于我的家族在过去的繁衍过程中口鼻逐渐变短，因而会出现呼吸问题（特别是在炎热的夏天），所以我认为，在挑选法国斗牛犬时应该选一只鼻子相对较长的小奶狗，这是对家庭负责的表现。
- □ 好吧，对于敏捷的快跑或耐力远足，我可不那么在行。但对于运动以及有趣的争抢和奔跑则是我的拿手好戏。你有没有注意到我的内心，在家里我喜欢长时间睡在一条暖和的被子里或躺在一张柔软的沙发椅上。

骑士查尔斯王小猎犬

- □ 我很快乐，很有爱心，从不热衷于与他人争吵。但我绝不是懦夫，而是一名无所畏惧和积极进取的小猎犬。

- □ 我喜欢和孩子们做各种各样的恶作剧，我们一

定会是一个非常优秀的团队！

- □ 如果我的主人有很多时间带我到处闲逛的话，我会感到非常高兴。徒步旅行和骑自行车旅行，就如同躺在炉子前惬意地睡个午觉一样，我都很喜欢。
- □ 我特别喜欢使用我的鼻子，这尤其适合各种类型的搜索游戏。我也特别喜欢跳越各种障碍，我能很敏捷地爬上或跨越它们，没有任何物体能阻挡我和我的小主人家的孩子们（只要这些障碍不是太……太……高的话）。
- □ 我的形象非常迷人，没有人能拒绝我。我的骑士查尔斯王的名称可不是徒有虚名的。有时，我们在浴室里待的时间要长一些。为了保持皮毛的光鲜亮丽，主人们通常会帮我做定期护理。

拉布拉多犬

- □ 从内心深处来说，我是一只积极的、喜爱工作的狗狗。
- □ 我爱狗和人，尤其爱孩子。不过，在与孩子们相处时，我偶尔吵闹的小脾气会显得有些愚蠢。对不起，真的对不起。我渴望用嘴巴去探索一切。好吧，这些都只能通过不断训练来改善了。
- □ 我的腿和我的无尽能量能带着我和你们去徒步旅行，或登山，或与孩子们一起玩小推车的游戏。只要我能健康地成长，并接受适当的训练，我想我可以胜任任何运动。如果训练得好的话，我是一只最容易与孩子融洽相处的狗狗。当然，最好有成人能陪在一旁。

☐ 我最喜欢用鼻子工作以及玩叼物的游戏。不管天气好坏，我都经得起折腾，而且我还很好照顾。

小猎犬

☐ 作为一种具有悠久历史的猎犬，我能成为非常理想的家庭犬，几乎受到所有孩子的喜爱。由于我的体型，我拥有一个很好的"战斗重量"，能成为儿童嬉戏的"最佳伙伴"。

☐ 我自始至终保持着良好的心情，而且聪明伶俐。但我解决问题的决心和能力，有时让我显得有些固执……

☐ 从本质上来说，我是一条聪明的狗狗。一到外面，我就喜欢用我的鼻子这里闻闻，那里嗅嗅（这也许是我的使命吧），在"好的领导下"，我会是一个优秀的好伙伴。

☐ 无论是刮风还是下雪，我都能与我的家人一起外出散步。我也非常乐意用我灵敏的鼻子与孩子们一起去做搜索游戏。我很想体验狩猎的生活，特别是在幼年和少年时代，我的精力特别旺盛！

杰克罗素梗犬

□ 我是一只活泼而结实的工作犬，我的原产地是英格兰。那儿的人们饲养我，主要是想让我把狐狸以及其他那些来偷食物的小动物们赶出去。所以我具有坚强的意志，喜欢探索周围的环境。

□ 因为我很结实，几乎可以说是坚不可摧，对任何有趣的事情都做好了充分的准备，所以我可以成为一只很棒的家庭犬。与孩子一起旅行时，我的个头也非常合适。千万不要低估了我的力量！

□ 当我还年幼时，照顾、教育我的那位成人对我来说非常重要。毕竟，我只是一只小猎犬。

□ 我非常喜欢和孩子们一起奔跑，我能跨过横在地上的树干和岩石，能做非常敏捷的动作，我还能接住从远处飞来的小球，还能做很多有趣的游戏。

□ 我的皮毛是防风雨的，但是当天气潮湿寒冷时，我喜欢披上一条温暖的毯子或穿上一件厚外套，尤其是当主人要让我在外面或在车里等待时。

伯恩山犯

□ 我是一只高大而有力的大型犬，性情比较温和。作为一只典型的农场犬，我必须得早早起床，做好守卫工作，有时我也会从事拉车的工作。

□ 温暖的气候并不适合我，因为我有厚厚的皮毛。雪花和冰块，以及湖泊和河流能让我降降温。因此，我更喜欢主人带我去冰天雪地的大山里度假。

□ 我对我的家人非常亲热，对孩子也非常善良。我比较温和的性情有时比拉布拉多犬更容易接近孩子。

□ 我很喜欢舒坦的日子，我需要一个花园，还喜欢漫步在田野和小道上。不过，一旦我真动起来的话，那么，哇嗷，地球也会跟着抖！

□ 虽然我不愿意做反应敏捷之类的运动，以免过多地“压迫”我的大个头，但当我听到需要用我的鼻子去工作，或是外出行动和旅行时，我就会立即整装待命。

□ 作为一个有很多皮毛的大型犬，我的家人需要准备一台很好的吸尘器或一把扫帚，还需要一辆大到可以带上我的车。我还需要一个空间，当夏天来临时，能让我在那儿放松一下，以便伸展我的四肢。

澳大利亚牧羊犬

□ 我的体内有用不完的力气，我可以连续工作漫长的一整天！

□ 我是一个真正的多面手。本来我应该专司守卫和放牧工作，但我真的很喜欢所有现代的犬类运动。由于我具备诱人的外表，我已经赢得过一次"B级"得分。我非常愿意取悦我的主人，我能从主人的嘴唇中读到他的每一个愿望。由于我具备强壮的体格，同时又有非常灵活的身体，因此我能经常作为胜利者站在领奖台上。

□ 只要能让我工作，并且有一个非常了解我性格的照料者，我就是一只温和善良的狗狗。但我绝不仅仅是一只狗狗，一只能让人"随便"呼来唤去的狗，不然的话，我的工作热情和我的能量就会找到它的泄愤出口。这样的后果对我的主人来说也是很不愉快的。

□ 由于我具有看家的本能，因此对陌生人有时候会具有某种攻击性。但我绝对忠于我的照料者和我的家人，我能为他们赴汤蹈火。

都没有健康保证

千万不要被人忽悠了！有人说杂交狗更健康，纯种狗通常由于过度繁殖容易生病。其实，这两种说法都是错误的！

如果不是去偷的话，可以从哪里得到一只小奶狗？

如果你想知道狗狗究竟是哪个品种，通常你第一个要问的人应该是专业育种者。当然，“繁育爱好者”或动物福利院也是一个很好的选择。

在购买小奶狗时，要特别注意幼犬和它的双亲是否健康，以及幼犬是否较易接受新的家庭。切记，不要自以为是地选择那只最强壮、最有活力的小奶狗。原因有二：其一，活泼小奶狗的兄弟姐妹比较安静，并不代表着它们身体不好、容易生病，其实它们可能同样可爱、健康，适合与人共同生活；其二，选择适合自己的小奶狗很重要。家犬应该尽可能保持平静，而不是到处乱窜。如果你把心性更稳重的小奶狗而不是那只活蹦乱跳的小奶狗放在候选狗狗名单中，也许就是你最正确的选择。要知道，用这种方式来挑选狗狗，可以为你今后免去很多不必要的麻烦。

特别是对于来自“繁育爱好者”的小奶狗，我真心向你推荐以下方式：到一个比较严谨的家庭中去选择你的家庭新成员，千万不要因为同情这户人家而选择他家的小奶狗，因为这种同情是不对的。如果你从一个糟糕的环境中带回来一只可怜的小奶狗，就等同于你资助了那些善于动

歪脑筋的人，他们也不会对此有任何改变：有的小奶狗“繁育爱好者”只是对改善他们的财务状况感兴趣。此外，你也可以到动物福利院去找一只小奶狗，他们不仅推介成年动物，也会提供小奶狗。在德国，经常会有一些怀孕的母狗被拯救后送到了动物福利院，然后它们在动物福利院的照顾下生下了小奶狗。

究竟应该选择纯种狗还是杂交狗，你必须考虑以下一些问题：如果你选择纯种狗，那你可以相对容易地确定它的外表、体格和基本数据。而杂交狗通常是一个很大的、令人琢磨不透的“奇迹口袋”，也许你也能从中摸到一只理想的小奶狗。如果你想要一只纯种狗，请仔细核对一下各种证件，因为它们本身并不是质量的保证。如今，每个计算机用户都可以编写自己的证件，它们可能看上去很专业，而你却对此无从考证。如果今后你想与你的纯种狗一起工作，去参加比赛或展出，那你一定要注意小奶狗是否具有VDH（德国纯种狗协会）开具的证明文件。因为VDH非常重视这些，他要求他的每个成员都能遵守动物育种的过程和保证犬舍的特定质量。通常，所有的考核工作和品种表演大赛都要通过VDH和FCI（世界犬类协会）的审核。

如果你决定选择杂交品种的小奶狗，那一定要注意合理配对。小奶狗的父母应具有相似的体型和个头。比如，斗牛犬和腊肠犬的杂交就不要考虑了，即使这种特别奇怪的杂交小奶狗长得非常可爱，但它们日后会过得非常艰难，因为这种狗的秉性、骨骼结构和体型都非常不匹配，其结果就是不断地出现各种疾病。一方面，这些狗狗会遭受无尽的痛苦；另一方面，它日后的医疗费用也会逐渐增多。

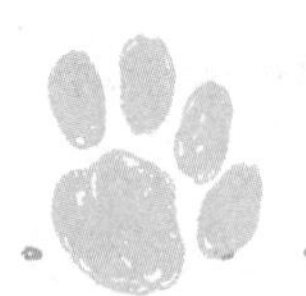

选择小奶狗时的注意事项

- ☐ 无论你选择的是纯种狗还是混血狗，都要注意一些问题。如果你有疑问，请大胆地向饲养员询问清楚。我想，他应该很高兴回答你的所有问题，并把你当作一个真正感兴趣的小奶狗买家，并放心地把他的小宝贝托付给你。
- ☐ 这些幼犬是同一类型的狗吗（这可以从它们的外表和发出的声音来判断）？
- ☐ 这些幼犬是否活泼，是否喜欢与它的同伴互相玩耍（在它们不睡觉时，应仔细观察）？
- ☐ 这些幼犬看上去是否健康（能吃，快乐，眼睛清澈……）？
- ☐ 生养幼犬的母狗是否给人一种健康和值得信赖的印象？
- ☐ 这是这条母狗的第几胎（母狗最好每年只生一胎，这有利于它身体的康复。当然，它也不是每年都要生养）？
- ☐ 母狗与小奶狗的关系怎么样？
- ☐ 公狗来自哪里（它是如何生活的？它在干什么？它与人类和其他动物的关系怎么样）？
- ☐ 它对人类或其他动物有过伤害行为吗？
- ☐ 不同品种的小奶狗是否放在一起喂养（注意：如果是，这一定是专做繁殖生意的人）？
- ☐ 兽医对这些幼犬的健康是否做过评价？

- □ 它们的祖先是否存在遗传方面的问题（例如，有些品种的狗狗容易患眼病）？
- □ 进行过哪些疾病的检查？
- □ 接种过哪些疫苗？
- □ 每隔多长时间对小奶狗进行一次驱虫治疗？
- □ 在你把小奶狗带回家之前，你是否可以经常去看望小奶狗？
- □ 你是否被允许留一两件（穿过的）衣物给小奶狗？
- □ 小奶狗在移交时吃的是什么样的食物？
- □ 你是否得到家养宠物的证明？
- □ 购买幼犬以后，饲养员是否仍然平易近人，回答你的疑问且乐于帮助你？
- □ 合同撤销有什么规定（在幼犬的健康问题和你的态度问题上）？
- □ 购买合同中主要写了些什么？购买时是否有合同限制？

艰难抉择

一旦下定决心要养一只小奶狗，你马上会面临在这一窝小奶狗中选择哪一只的问题。此时，很多人不知该如何抉择，因为小奶狗们是那么地活泼可爱。许多培育者可能早就为你安排好了小奶狗。毕竟，他们天天面对着这群狗狗，对每只小奶狗的特性了如指掌。当然，一个好的饲

养员能对小奶狗做出非常准确的判断，但他们却不能保证小奶狗未来的发展。因为生活中，有太多的环境因素会影响它们的发展。

如果你有选择权的话，那么请事先与你的家人一起思考一下，理想的家庭新成员该是什么样的，不然的话，你很可能会选择一只完全不适合自己的狗狗。你的小儿子肯定会喜欢那只最调皮的小奶狗，他可能会在饲养员的小屋子里与小奶狗疯玩起来，如果这只小奶狗也是“人来疯”，就会反过来挑战你的儿子。如果你的儿子玩得太出格了，请把他拉出小屋，让他在外面冷静一下。当然，这只小奶狗也会平静下来，乖乖地和它的兄弟姐妹待在一起。但是，当你把小奶狗带回家后，这种情况就再也没办法改变了，因为你的儿子和这只顽皮的小奶狗会把家里搞得鸡犬不宁。很快，你的儿子也会对这只精力充沛的小奶狗感到厌烦。这种小奶狗一旦融入了你的生活，常常会让你感到筋疲力尽。

你拥有一个欢快的家庭，但通常也会为一个小精灵而不堪重负。在这种情况下，宁可带着一只较为平和的小奶狗回家，它将是吸收和转换家庭能量的最佳选择。相反，如果你的家人大部分喜欢安静的生活，你更应该选择一只温和的小奶狗，家人们冷静而平和的态度会给这个小家伙足够的时间成长为一只充满自信的狗狗。在挑选小奶狗时，不仅需要你个人的直觉，也需要你的先见之明和实用主义，这一点非常重要。如此，即使有新成员的加入，你的家庭也会朝着和睦的方向前进。

精心的计划，事半功倍

在训练小奶狗的过程中，请一定要相信自己的能力。有一句成语说得好：熟能生巧。它不仅适用于你，也适用于其他人。

我的日常生活是怎样的?

你管理着家里的一切，或许还有一份自己的工作，比如你得照顾隔壁的老邻居。这时我要告诉你的是，为了有一个周全的安排，并且尽可能不发生那些让人不愉快的意外事情，预先做好计划是非常重要的。为了公平对待每一个人，建议你事先熟悉各种情况，并确定事情的优先顺序。

在这里，我并不是想窥探大家的隐私。我认为你应该考虑一下如何更合理地利用时间，即将养育小奶狗与你平时的日常生活更好地结合起来。比如，我们可以将遛狗散步与去幼儿园接送孩子合二为一，我们还可以穿上运动衣和狗狗一起跑跑步。如果只是单纯地开车送孩子去上体育课或音乐课的话，我们可能就没时间遛狗了。因此，把狗带在车上是很有意义的，也许就在音乐学校的边上就有一个很棒的公园，我们可以利用孩子上课的时间，带着狗狗去散散步。

我的一天：

- □ 早晨，家里所有人是否都会离开屋子？比如，孩子们去学校或幼儿园，大人们则各自去上班。
- □ 你中午是否回家？
- □ 你能带着你家的新成员去办公室吗？
- □ 你家里是否有保姆或管家，她能与你家的新成员和睦相处吗？
- □ 孩子们什么时候能回来？
- □ 你什么时候必须带着孩子去上音乐课，参加体育俱乐部的活动，等等。
- □ 你是开车还是骑自行车接送孩子？
- □ 这些目的地都在步行范围之内吗？
- □ 你采用什么出行方式去购物？
- □ 早起锻炼时，你是去公园跑步，还是去健身房？

瞧……现在只剩下购物袋没法拿了。

有一点是可以肯定的，你家有了一个新成员，它会像你的孩子一样依赖你。而你的孩子也正在成长，他们有自己的事情要做，而且他们很可能会“撒谎”并弃狗而去。但你的狗狗却总想与人保持着依赖关系，所以你的负担就会逐渐加重。

……和狗在一起？

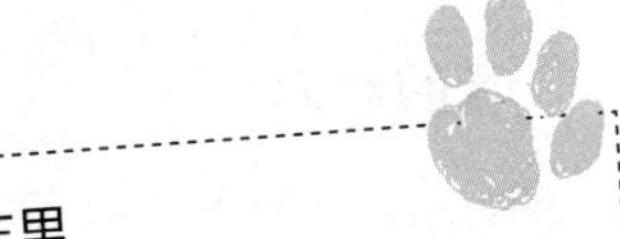

> **把狗放在车里**
>
> 如果你有要事需要离开，却想把你的小奶狗留在车里，这时你千万要注意天气状况。在炽热的太阳光的照射下，车里的温度会迅速升高，有时候会热坏狗狗，严重的会造成狗狗窒息，甚至出现更糟糕的状况。

当你已经决定要养一只小奶狗时，便在无形中加重了自己的负担，就好像你突然之间又多了一个孩子。你需要时刻盯着它，因为家里的一切对它而言都非常有趣。你最贵的鞋子、你孩子最喜爱的布偶玩具都是它感兴趣的。凭着它的气力，用不了多久，它就能将这些东西弄得面目全非。为了避免这种情况发生，你必须形影不离地跟着它。然而，每一次你都晚了一步。这绝对是你缺少一只手的缘故，因为你的孩子需要你的两只手来照顾，而你却根本腾不出一只手来照看你的小奶狗……此外，你还必须处理好孩子对小奶狗失望的情绪。你的孩子也许不知道一只小奶狗如同婴儿一般要睡很长时间，而且不能对它有过高的要求，而你的小奶狗也不知道它不该去咬你孩子的手。你的孩子可能会以为他们可以和小奶狗没完没了地在一起玩耍，而你的小奶狗始终能保持良好的心态——就像家里的一个可爱的真玩具。但是，你是一家之主，你必须掌控所有的挑战，你的孩子需要学会理解。所以，请相信自己，也请相信自己的能力。你每

天忙于家庭、工作和孩子，而你的家庭新成员同样也可以无缝对接地融入你的日常生活。

计划好你的日常生活，预先考虑好每一个细节。比如，将家门口的鞋子整理好，以便能很快地将小奶狗带进屋子里来。请购买好厨房用纸和洗涤剂，并储存起来。在最初的这段时间里，请放弃与你最要好的朋友打电话聊天的想法。如果小奶狗发出尖叫声，那么请你练习瑜伽里的深呼吸，然后像对待你的孩子一样平心静气地对待它。一定要提前做好安排。当我洗衣服时，我是否要带上我的小奶狗？在此期间，还有其他人可以照顾它吗？如果你的小奶狗不打算去洗衣房陪你，而且也没人能帮你看着它的话，我建议你先带着它出去遛一圈，等它累了，再把它带回窝里睡觉。这样在它舒服地做着美梦时，你也可以安心地清洗你那堆积如山的脏衣服了（这只是家庭中繁多的实例之一）。如果你要步行去超市，但是这条路对于这个小巧玲珑的家伙来说可能远了点，那么你也可以把它留在家里（尤其是你还要用你的双手来照顾你孩子时），或者抱着它走上一小段路。应该说，当小奶狗刚进家门时，你请几天假是非常有必要的。如果可能的话，请不要在星期日下午到饲养员那里接小奶狗，因为家里人可能在周一的早晨都会外出。所以，请给大家留点时间，让大家能在平静的氛围中相互习惯一下。在遛狗时，你会发现一个极好的经验法则：在最初的一个月里，每一次你可以与你的小奶狗一起走上五分钟，然后让它休息一下。

生活小助手

如果你家孩子小时候用过的木制围栏还在地下室里，你可以将它再次利用起来。你的小奶狗可以在里面自由活动，却无法做一些出格的事情。如果你发现它在那儿安静不下来，则建议你还是把它关进狗笼里。

星期 小奶狗 时间	星期一	星期二	星期三	星期四	星期五	星期六	星期日
07:00							
08:00							
09:00							
10:00							
11:00							
12:00							
13:00							
14:00							
15:00							
16:00							
17:00							
18:00							
19:00							
20:00							
21:00							
22:00							
23:00							

- □ 你家里是否还有其他动物同住，你的小奶狗需要与它们共处吗?
- □ 一般来说，要额外照顾一位家庭成员需要多少时间?
- □ 你是否已经找好了一所狗狗学校?
- □ 你是怎样计划你的假期的，是徒步旅行还是露营度假?
- □ 你和你的家人是坐飞机去旅行吗? 如果是这样的话，建议你及时为你的小奶狗寻找一位值得信赖的假期照看者。
- □ 热门的度假时段，一个好的小奶狗寄宿营地，往往需要提前一年预订。
- □ 在你家附近你是否已经找到了一个值得信赖的宠物诊所或宠物医生，一旦出现意外，你的小奶狗能否尽快得到治疗?
- □ 你是否有一个值得信赖的人可作为B计划，在紧急情况下至少能有几个小时的时间照顾你的小奶狗?
- □ 小奶狗上保险了吗，是否需要缴税?

小奶狗对我们有什么要求?

有时，我们还是需要换位思考一下：对于良好的饲养方式的定义可谓五花八门，就拿我们人类来说通常也有不同的评判标准。一个完人

也不是每次都能把事情做好，这是因为他自认为这样做是对的。同样需要重视的是，究竟采用何种饲养方式才最适合你家的小奶狗。因为你的家庭新成员是一条狗，而不是一个人。正是出于这个原因，我们不能按照对待人的方式来对待它，而应该尊重它的本性：它本来就是一个名叫“凯尼丝·路普丝·珐密理亚利丝”（狗的拉丁学名：CANIS LUPUS FAMILIARIS——译者注）的伟大生物。

>从小奶狗的角度来看，良好的饲养方式往往与我们最初设想的不同。当小奶狗来到我们的新家后，它的第一印象是寻找它出生时的家庭安全感，这种安全感是根据原有的规则、原定的时间和原来的护理人员来定义的。

>从小奶狗的角度来看，良好的饲养方式是能提供足够多的平静生活。但这个小家伙必须认识很多的新东西，比如蝴蝶、芭比娃娃、高跟鞋、埃尔娜姨妈、邻居的狗、洗碗机……所有这一切对它来说都是陌生的，同时也是非常令它兴奋的。为了让它能很好地记住这一切，并把它

们相互贯穿在一起，它的大脑需要足量的睡眠。

>从小奶狗的角度来看，良好的饲养方式也应该向它提供一个可信赖的（即最为贴近的）人作为它的依靠，这个人应该能很耐心地向它解释整个世界。

>从小奶狗的角度来看，良好的饲养还应该向它提供符合它口味的美食。昂贵的食物并不一定是好的，但便宜的食物一般来说肯定好不到哪里去。你可以从营养师或你家小奶狗原来的饲养员那里获得建议，好的食物意味着你的小奶狗能够健康成长。拥有强壮的骨骼和训练有素的肌肉，可使它不易受伤和生病，也可以省去你一次次跑宠物医院的烦恼。

小奶狗发育的六个阶段

根据不同的品种，小奶狗之间存在着个体差异，同时也有互相交叠，因此某些阶段是可以并行发展的。通常情况下，你的小奶狗会在其最初的8周内与它的饲养员一起度过。随后，你作为新的照顾者，将陪伴小奶狗进入其发育阶段。

1 新生儿阶段
（生命的第1周至第2周）

新生儿阶段是指小奶狗出生后的最初两个星期，小奶狗的眼睛和耳朵都是闭合的，嗅觉尚未发育。这个阶段涵盖从出生到眼睛睁开的过程，持续10~16天。在这段时间里，小奶狗主要做两件事：喝奶和睡觉。小奶狗之间彼此相依，它们的母亲有时会离开它们。从生命的第六天开始，小奶狗越来越多地将其活动范围扩展到整个狗窝。从生命的第二周开始，根据品种的不同，有的小奶狗开始会站立，甚至尝试走路。

2 过渡阶段
（生命的第3周和第4周）

过渡期涵盖了生命的第3周和第4周。此阶段结束时，它已经从一个无助的小生物成长为小巧而好奇的小奶狗了。现在的它有听觉、视觉和很好的嗅觉。它已经能够很好地调节体温，并可以逐步自主地排便和撒尿了。它还成功地尝试了身体各部分肌肉的协调性。在第10天至第16天它慢慢地睁开眼睛后，便开始了过渡阶段。这时小奶狗更多地表现出坐姿和站姿，并开始尝试走路。皮肤和毛发的护理则通过啃咬、舌舔和抖动身体的方法使之变得越来越清晰。随着第一颗牙齿的出现，幼犬第一次开始对固体食物产生了兴趣。

3 敏感阶段 接触社会和养成习惯的阶段
（生命的第3周至第18周）

敏感阶段始于生命的第3周至第4周，并在第12周至第18周时进入幼犬期，此时的幼犬通常都以群居的方式生活在一起。随着小奶狗对世界有了感官方面的认知，它便开始要与周围的环境相磨合，这个适应阶段被称为幼犬的发育敏感阶段。为了让小奶狗以后能安全地适应周围的环境，并且不会产生任何恐惧，我们有责任向这个年龄段的小奶狗介绍：垃圾桶、火车站、有轨电车、自行车、其他人和动物、大卡车，等等。

4 幼犬阶段 层次和地位的争夺阶段

（生命的第4个月至第6个月，品种不同，时间也不相同）

幼犬阶段不同于敏感阶段，这是关于层次和地位的争夺阶段。小奶狗现在正急于在同伴中找到并巩固自己的地位。作为领导者的人类，也在接受它对你领导能力的检验。一些幼犬会“突然”向主人咆哮或者霸占着玩具不给你，而作为主人的你必须告诉它，在整个家庭中它的位置是最低的。接下来，它会特别亲近那个象征着首领的人，它会认可他的权威。

5 青春期阶段

（生命的第6个月至第7个月，这取决于小奶狗的品种，有的可能会持续更长的时间）

通常雄狗会第一次抬起它的腿，母狗也会第一次发情——至少现

在，这个从前的“游乐场伙伴”突然之间可能成了你的竞争对手。在这个阶段，你会经常感受到小奶狗对你的蔑视。它会按照两只耳朵，即“一只耳朵进，另一只耳朵出”的原则生活。有些小奶狗会对你叫它的名字置之不理。在这段时间里，你绝不能放弃，而是要坚持不懈地用你那温柔且坚定的态度与之周旋。当然，你只要练习那些必要的命令，也就是你们俩在学习情境中都能理解的命令即可。

6 成熟阶段

（生命的第7个月至第12个月）

现在，你可以清楚地看到你的小奶狗是否获得了能促使它健康成长的各种要素了。如果你的小奶狗仍然像以前一样，愿意与人类和其他动物友好相处，并且有很高的学习愿望，那就说明你赢了，你做的许多事情是正确的。

特别是我们的大型工作犬，在其生命的第2年至第4年还要度过另外一个阶段，在这个阶段，我们要注意它强烈的争霸领土的行为。比如，霍夫瓦尔特犬或兰波格犬，只有当它们度过了这个阶段，才算真正长大，才能确立它的地位。因此，在这个阶段它当然要自我表现一番。

我们去购物吧

可以预料到的是，你家新成员的到来会让人心神不定。就像迎接初生婴儿时所需要准备的装备一样，你也要为小奶狗准备好所有的一切。好吧，让我们来制订一个完整的购物计划吧，里面应该列出“必须有”和“最好有”的物品。

购物清单

放下所有的事情，现在你可以去购物了。小奶狗需要：一个项圈或是一根能围住前胸的背带，一根绳子（最好是一根10米长的绳子），一只供狗狗睡觉用的箱子，一块毛毯，两个食盆（一个用来盛放狗粮、一个用来盛放清水），以及一些适用于咀嚼和玩耍的玩具。

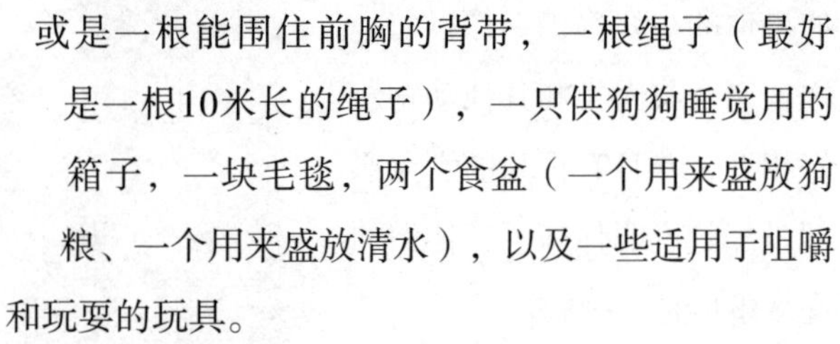

小奶狗的项圈或背带不要太窄。虽然窄窄的项圈或背带看起来很可爱，但是它会嵌入小奶狗的皮肤，在某种情况下也可能会勒住它的气管，并对小型犬的颈椎构成威胁。最初，你不能用绳子牵着它走路，却可以拉着它的背带让它到这里来或到那里去。最好买一个宽大且柔软的项圈或背带，这样在你牵引小奶狗时，才不至于把它勒伤。

买绳子也同样如此。选择一条适合你的绳子，而不是一条看上去很漂亮的绳子。当我们牵着小奶狗外出，一旦绳子嵌入我们手中时，我们便会把冷静丢到一旁，在无意识的情况下做出过激反应，而这可能会伤害到它。

小奶狗不应该有太多睡觉的地方。原则上，狗箱内有一条舒适的毯子就足够了。然而，对于一些小奶狗来说，在每个社交空间有一个固定的位置让它休息也是很有帮助的。狗箱是小奶狗能安静睡觉的地方，你的小奶狗应该快速学会让它的小窝保持干净。购买时，请确保箱子不会发出奇怪的声音，并且易于打开和关闭。

请在箱子里放一条毛茸茸的毯子。虽然大多数家庭会在洗衣机旁放置一台烘干机，但是我们也应该准备两到三条狗狗用的毛毯。这样的话，一旦你有事，也不用着急。正所谓：“有备无患。”

放食物和水的食盆最好是比较结实的金属制品，可放入洗碗机中，这样清洗起来比较方便。有些小奶狗不喜欢金属食盆，也可以用瓷器或塑料餐具替代。

必须有的物品：

□ 一个坚固的狗箱。最好买一只稍大一点的狗箱，即可容纳一只成年狗狗的大小。如果你觉得里面空间太大了，可以在狗箱的内侧放一条毯子以减小深度。这样可以避免隔三岔五地购买新的箱子，毕竟它们也不便宜……

□ 1～3条能放入狗箱中的毛茸茸的毯子，可在60℃时清洗

□ 一根绳子，长1.2米～2.5米。不要花太多钱，绳子可能不经用

□ 一根约10米长的牵绳

□ 一根宽且轻薄的项圈或背带

□ 一个较小的用于放狗粮的食盆、一个较大的水碗，它们应易于清洗

□ 大量的厨房用纸和地板清洁剂

□ 城区里可使用的狗垃圾袋

□ 收集一堆可丢弃的毛巾，当下雨时，可用来擦干小奶狗的身体

□ 可以啃咬的物品，让小奶狗磨牙和打发无聊的时间

□ 刷子或梳子

□ 捉蜱虫的镊子

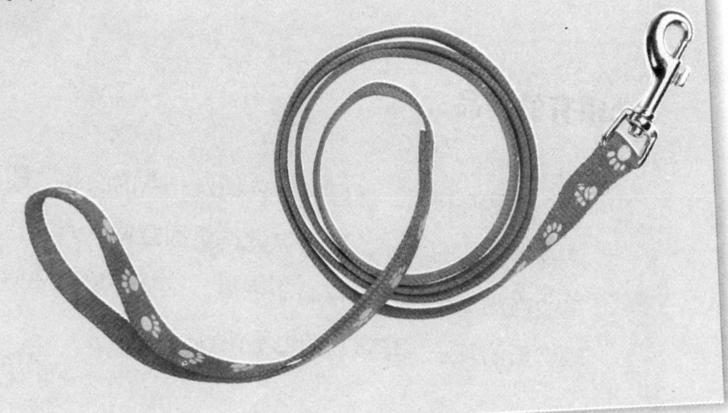

小奶狗像婴儿一样喜欢啃咬，这样在它长出牙齿时，就能更好地“抓住”东西了。因此，为你的小奶狗买一些专用的狗玩具，比如橡胶化合物经过加工处理后的玩具就非常适合小奶狗玩耍，因为无论怎么啃咬它也不会碎裂。

最好用的物品：

- ☐ “奥斯卡食品桶”非常实用，它可以方便地存放幼犬的食物（干食）并使之保持干燥
- ☐ 一件小奶狗的外套，如果它是个怕冷的“孩子”，很容易着凉的话（比如拳师犬、斑点狗、吉娃娃等）
- ☐ 额外的狗篮子，在家里可当作小奶狗的运输工具
- ☐ 第二只搬运小奶狗的箱子，可以稳当地将它放在汽车里
- ☐ 一根别致的“外出牵狗绳”，供日后使用
- ☐ 旅行用的水碗和瓶子
- ☐ 可用于啃咬和嬉戏的玩具

▶ 故事

购物马拉松

你去过一家宠物狗的特色商店吗？没有？！最近这段时间一直没去过……所以，你可以先跟着我的脚步来感受一下如下场景：

带上我的购物清单和一辆购物车，留出一个小时的时间（假设这点时间对于购买这张列表中的物品足够的话），我就可以走进商店了。想象一下，再往前10步，我也许会在入口处的一只盛满狗粮的小食盆前面驻足停留。哦，对了，我也不能错过放在它边上的那只水碗……一只非常可爱的伯尔尼山犬正在舔食撒落在入口处的狗粮。显然，商店老板对此并不怎么高兴。

现在回到我的购物清单：一根漂亮的绳子，两个食盆，一个小篮子，几个给狗啃咬的玩具，当然不能忘记拿上一大袋狗粮和一只可以放在家里和车上的狗箱。但是，天哪！这里比起超市货架上的果酱来说，更令人目不暇接。我从没想到，仅仅在选择一个水碗时，就需要做上一大堆的研究工作：到底该选哪一种水碗，金属的、塑料的、玻璃的，还

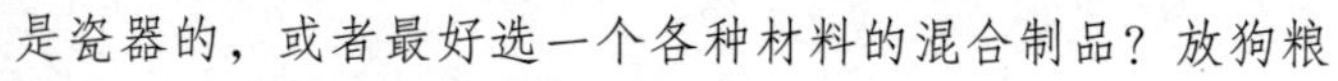

是瓷器的，或者最好选一个各种材料的混合制品？放狗粮的食盆是选一个宽边的还是高一点的，或是中等大小的，也许狭长点的？那儿还有印花的和没有任何印记的食盆，还有能自动放满狗粮的食盆等。早知如此，我一定会事先了解一下，但是对此我一点准备都没有。然而时间却在不停地流逝……

好吧，那我先去看看绳子吧。放绳子的货架一下子就找到了。不过，站在货架前我又叹了一口气：货架上摆放的绳子种类并不比水碗少。各种颜色、长度、厚度和类型的绳子被摆放得满满当当的。这里有部分带反光条纹的绳子，有全部由反光材料制成的绳子，有用环保的亚麻材料制成的绳子，有用航空航天材料制成的绳子，还有圆的、扁的、细的和粗的绳子……虽然我喜欢购物，但在那里，纷繁的物品让我眼花缭乱，不知该如何抉择！

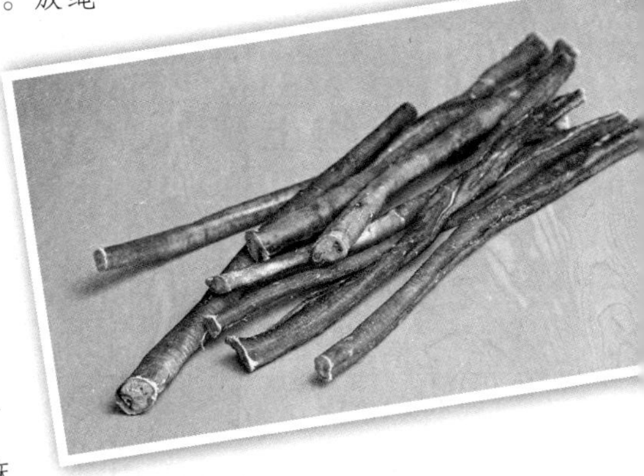

一位女售货员似乎看出了我的心思，她走上前来与我打了个招呼，并问我是否需要帮助。我向她讲述了我的情况。“不行！你手里拿的这条粗的可调节绳不太适合你家的小奶狗。”原本，我是想把我购物单上的第一个项目划去的。“这种可调节的绳子虽然很好，但对你家的小奶狗来说，它太粗、太重了。”女售货员解释说。在她的帮助下，我最后选择了一根由航空航天材料制成的绳子：速干且不容易沾上污垢。她向我保证说，听她的不会错。随后，我们按照购物单上列的东西一件件地找下去，最后我们终于找齐了所有的物品，我满意极了。我想当孩子们看到这些物品时，他们也肯定会很兴奋的。

在收银台前，我看了看手表。天哪！我在这里待了两个多小时。我得赶快回家，去接我的孩子了！

有人会说，在网上买这些东西会更省事。不一定，因为特色商店的选择余地更大！

在起跑线上

在购物前，首先要考虑的是必须给小奶狗一个安全的公寓或安全的住房，就像迎接一个小婴儿一样。

适合小奶狗的安全住房

在你购物回来后，你可以手捧一杯热茶或咖啡，将你的身体向后靠在沙发椅上，然后再一次静静地环顾一下你的住房。哪些植物花卉可能会妨碍小奶狗的活动？我是说，小奶狗是否能碰着这些植物，即使有的

看上去已经放在很高的地方了。许多植物对于小奶狗来说是有毒的，当小奶狗还处在探索阶段时，你应该把花花草草摆放在小奶狗碰不到的地方。同时，你也要注意一下种花的土壤，比如富含鸟粪的土壤可能会导致小奶狗出现腹泻、呕吐、癫痫等症状，清洁剂可能会让小奶狗中毒等。

现在，把你家的书籍和古玩都放到一个安全的地方。为了确保小奶狗的安全，你还应该把外露的电线放到橱柜后面或将其嵌入电线的管道中。小奶狗会从你家的住房或阳台的某个地方掉下去吗？所有这些危险的区域最好都不要让这个“小捣蛋鬼”进入。

然后，你得找一个安静的地方，为你的小奶狗建立一个“安全的洞穴”。换句话说，就是找一个能安放狗箱的地方。千万不要把狗箱放在门边或是楼梯口：一是因为那儿太吵会影响狗狗休息，二是因为它会在不知不觉中担当看门人的任务。其实，等它长大以后再承担这一任务即可，但在它仍需要你的帮助来探索这个世界的时候，这么做显然是不合适的。此外，小奶狗应该能参与到家庭生活中来，它必须处于家庭的中间位置。有关狗箱安放的更多注意事项，请参阅后面的章节。如果在每个房间都安放一个小篮子和一条舒适的毯子，也是一个好方法，这样不管走到哪里，它都能有一个休息的地方。

在你去抱小奶狗之前，有些饲养员会允许你将一件旧的T恤或类似的东西放在狗窝里，这样当你带它回家时，小奶狗已经知道你的气味了。请记住，这件衣服是让小奶狗能闻到你的气味，所以请不要清洗干净。或者，你也可以在小奶狗的窝里放上一个你家的物品，当小奶狗闻到这个物品时，就以为回家了。回到家后，把你的旧衣服或物品放在狗箱里，这样小奶狗会比在一个全新的家里更好地入睡了。

最好的清洁剂

防止污垢就要像防止犯错一样，这是一种很有效的策略。这件事情必须从小奶狗进门的那一刻就开始注意了。例如，当小

奶狗从室外回来时，你一定要用毛巾把它的四肢擦干净。即便如此，它可能依然会在屋子里留下点污垢，但这要比使用真空吸尘器或地板清洁剂要好得多。

注意：请仔细阅读清洁产品上的说明，尤其是地板清洁剂。只要小奶狗还没学会怎样让自己的狗窝保持干净，你就要经常用到清洁剂，而小奶狗肯定会去舔你刚用清洁剂打扫过的地方。市面上的许多清洁剂会对我们的宠物造成伤害（有时也会对我们的孩子造成伤害）。胃部不适、癫痫发作以及更糟糕的事情并不少见。因此，最好的方法就是在互联网上或是到兽医处去了解一下，网上会不断地更新危险清洁剂和其他有毒物质的清单。此外，下面这些是会伤害到小孩子的物品，比如剪子、小刀、尖锐物品、清洁剂等，同样不适合小型犬。即使是绿色环保的清洁剂，也请妥善保管，不要让小奶狗轻易触碰到。

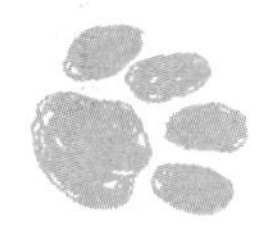

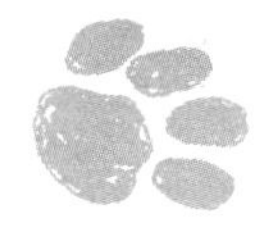

小奶狗在这儿！

这是一个激动人心的时刻——小奶狗紧紧地跟在了你的身边！现在是时候将小家伙安全地带回家，给它一个成长的地方，向它讲述整个世界——给它一个完整的家！顺便问一下，你是否已经给它起好了名字呢？还没有？！那你还等什么呢？马上行动起来吧！

大冒险继续中——小奶狗要搬进来了！

从今天起，你的家庭生活将要开始一个新的征程，那只四条腿小旋风正式进入你的家庭了。你和你的家人昨晚睡得好吗？让我们行动起来吧，一切按原计划执行！

耐心和困扰

如果你有自己的孩子，那你一定知道，当一个家庭新成员到来之后，大家都需要一定的适应时间，直到你的日常生活重新回归正常。那么在最初的几个月里，什么是最重要的问题呢？

在与小奶狗共同生活的最初几个月里，最重要的一点就是要表明你的态度：耐心和坦诚。不要让自己受到打扰，重新考虑一下你的要求，

或者把你的要求降低一点，你可能发现自己只是有了点压力，通常只需要把某些事情稍作调整就可以了。

除了耐心和困扰之外，小奶狗与你家人在一起共同生活的过程中还有两点非常重要：第一，你应该与小奶狗建立信任关系；第二，要与小奶狗建立敬畏关系。你得向小奶狗展示它要面对的全新世界，并与它一起去探索其中的奥秘。它可以而且必须学会敬畏汽车，它应该避开骑自行车的人，而不是在自行车前奔跑。灌木丛中的垃圾和随风飘荡的塑料袋对小家伙来说可能是危险的，你要向它展示自己的能力，让它远离危险，如此它就会信任你。

当小奶狗感到害怕时，从本质上说，人就是它在惊涛骇浪中的坚固磐石，它可以求助于其他人，但这并不影响你仍然是它的主要照顾者。

此外，我们的目标是让你的小奶狗与其他动物能和平共处。当两只小奶狗相遇时，它应该表现出友善和豁达。如果你的宠物不去注意，并且也不想引起别人的注意，那么它会继续走自己的路。这里需要指出的是：当出现任何困难时，它的主人，也就是你，应帮助它摆脱困境，同时你也应该向它展示如何正确应对以及所采取的行为举止。

为了能够让它自信地在人类的社会环境中生活，一些基本的练习是必不可少的：除了用拴在它脖子上的绳子牵着跑步之外，它也要学会等

待，学会控制咬合。后者尤其重要，这样你的孩子和小奶狗就能更加和谐地一起成长了。

现在，我们要去接小奶狗了！

在准备去接小奶狗之前，有几件小事需要提醒你一下。

你是否带好了厨房用纸和垃圾袋，因为在你抱着小奶狗回家的途中，有些小奶狗会在兴奋时发生呕吐现象。你最好再带上一块毛茸茸的柔软毯子。请你设身处地地想一下：你的小奶狗第一次离开能给自己带来安全感的熟悉家庭，而此时的它还不会照顾自己，它需要你的帮助。因此，请你不要把它放在后备箱里，而是应该用毯子将它包裹好，放在你的腿上。因为现在的它需要更多的身体接触才能感到安全。

如果路途比较漫长的话，你应该在高速公路服务区休息一下，让这个小家伙解决一下它的生理需求。理想的状况是，它应该已经从饲养员那里熟悉了绳子和项圈。你可以给它戴上项圈，拴上绳子，找一个安静的地方，给它足够的时间，让它慢慢地静下心来，再给它喝一点水。因为兴奋会让它感到口渴。然后，过15分钟左右再继续前行。

到家后，请允许它在你家的花园里待一会儿，解决一下内

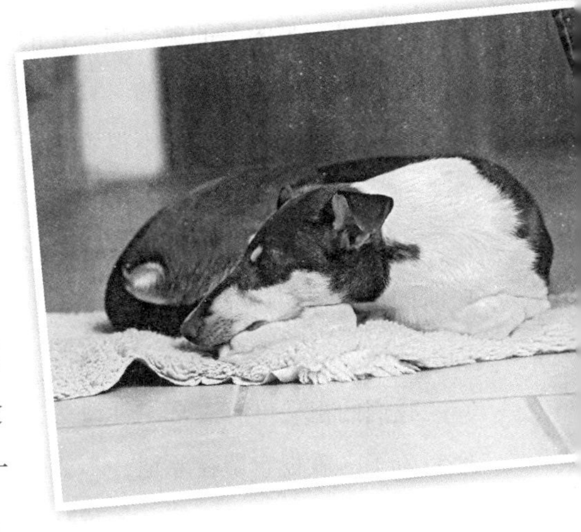

急问题。如果你没有自己的花园，请在附近公园里找一个安静的地方，重复上面在高速公路服务区里所做的事情。也不要过度夸张，比如在街头搞个欢迎派对，邀请附近的狗狗来参加一场精彩的聚会。现在你的小奶狗还没有它可以信任的看护人。旅途的奔波、新的家庭等所有的这一切都足以让它疲惫不堪。请记住，即使是人类的婴儿也需要成年的护理人员来保护他、关爱他，并向他讲解这个世界。即使你的孩子投入了全部精力，你始终是你家小奶狗的护理、教育的主要责任人。

你看过美国的《古惑丑拍档》这部电影吗？有这么一个奇妙的场景，史考特（Scott）向福星（Huutsch）展示他的住房。他用一根皮带牵着它，引导着它从一个房间走到另一个房间。“这里是厨房、客厅、卫生间……这些都不是你的房间。”不知不觉中，他们来到了储藏室，史考特发现“这可以是你的房间”。虽说电影中其实并没有发生这样的事情，但你确实不可以把小奶狗安置在储藏室里。你家的门也不要老敞开着，不要让小奶狗跑到外面的“游乐天堂”去，不然它第二天肯定还是会不声不响地溜出去。你要用与它说话的方式“引导”它到它以后可以去的房间。通过这种方式，小奶狗就能了解到，哪些是它可以去的地方。请把厨房以及到达楼顶的楼梯都锁上，即使它长大以后，也不能让它去那些地方。

“史考特是一名极其讲究规矩和注意整洁的警探。福星则是一条世界上最肮脏、最凶恶的狮子狗，它的主人因不幸目睹了一宗犯罪事件而被误杀，福星成为凶杀案的‘目击证人’。史考特负责调查这个案子，虽然他十分痛恨福星，却不得不为了保护这个‘目击证人’而跟它生活在一起，翻天覆地的笑料也由此产生了……”

当然，你现在不需要一直把它拴着，也不要将它锁在狗箱里。在这段时间里，你应该允许它到处走走，它可以在合适的空间里熟悉一下周围的环境。

我们的祖父母有这么一种说法，不要吵醒正在睡觉的狗。如果它已经睡着了，就把它留在原地，不要强制性地将它送到狗箱或狗窝里。而你的孩子也应该学习这第一条黄金法则：睡觉的狗不喜欢被打扰，所以不要去抚摸它，甚至不要搞突然袭击。你的孩子也许会认为这是个蠢主意，因为他们想和小奶狗一起出去玩，想向它展示所有的一切。然而，这是你的孩子与宠物共同生活必须要学会的第一课：如果你想对宠物好，那你就必须放弃自己的欲望。

白天，当小奶狗醒着时，请每隔30～60分钟让它到门外去解个手，因为它的循环周期非常短。对此你不用担心，等它长大些就不会这样了。

在最初的几天时间里，你应该随时准备好你的鞋子和衣服，一旦有事时，能快速做出反应。请多备一些厨房用纸，直到你度过了那段特殊时期。

训练提示

在接下来的几周时间内，请把你不去的那几个房间的门都关好，以便你能随时看到小奶狗。不然的话，你的小奶狗很快就会溜进你的杂物间，开启它的探索之旅。

▶ 故事

小保罗和我们——共同生活的第一天

我们非常顺利地度过了那个晚上，小奶狗在我们床边的狗箱里死死地睡了一大觉。大约早上五点半时，这个小家伙开始有点不安分了。好吧，今天的懒觉泡汤了。我迅速披上了衣服，穿上拖鞋，然后小心翼翼地把小奶狗从它的箱子里抱了出来，把它带到了屋外。它需要一点时间大小便。外面的露珠会刺激到小奶狗，所以我们很快就回房间了，我立即把它带到浴室里，因为我自己也需要刷牙和洗脸。我本可以把它送回它的狗箱里，但我还是想和它在一起。在浴室里我给了它一块可以啃咬的小骨头，这样它在边上就有事情可做了——这种方式其实也适合你的孩子。

当我刷牙时，我忍不住笑了起来。很长一段时间，在我们的家庭会议上无法就小奶狗的名字达成一致。但是在饲养员那儿抱小奶狗时，两个孩子竟然异口同声地叫了声“小保罗”！好吧，那就这样吧。但现在我必须去把孩子们叫醒，因为新的一天就要开始了！

吃早餐时，一切全都乱了，小保罗兴奋地围着两个孩子不停地打转，弄得他俩无法安静地吃早餐！于是，我把它放到了它的箱子里，这个狗箱就在我们吃饭的房间里。注意：不要把它放到其他房间里去！我不是要把小奶狗和孩子隔开，只是要预防危险的情况发生。一个朋友的小奶狗由于疯玩过度，不小心咬了他孩子的手，所以我不想犯同样的错误。

现在所有人都穿好了衣服，准备出发了：我们的大女儿能独自去上学了，所以我只需要带着小女儿到日托中心去即可。但不管怎么样，对于小保罗来说这点路还是远了点。幸运的是，在早上的喧嚣之后，它也有些累了，所以在我离开时，它可以在自己的箱子里再睡一会儿。明天我想换一种方式，在去购物和接我女儿的时候，我可以把它放在狗箱里，搁在车子的副驾驶座上。不过今天就算了，一切还算顺利。当我回到家时，小保罗醒了！我把它抱到了花园里，让它放松一下，然后就是我做家务的时间了。在我整理厨房的时候，我用一根绳子将它拴在我的身旁，也就是我身边一张桌子的桌腿上。别担心，如果它跟不上我的脚步时，我不会用绳子拉着它走，而是会把它抱起来。这样，我就能保证它一直在我身边，做不了任何的恶作剧。万一发现它有什么不对劲的话，我也可以马上阻止它。

当我的大女儿下午要做作业时，小保罗又要上床睡觉了。小奶狗实际上就像婴儿一样，大部分时间是在睡觉。这可是一个很棒的知识点哦！在这段时间里，小奶狗非常活泼可爱，也很招人喜爱，但原则上它们的需求非常相似。晚餐时，小保罗当然要和我在一起，我用绳子把它拴在我身边那张桌子的桌腿上，它又一次没法恶作剧了。不过，它感到非常不安，孩子们也无法忽视小奶狗的存在而专注于吃饭。因此我又把小家伙放回了狗箱里，这样，家里的每个人都能在一起专注地做各自的事情了。所以，我们要记住：吃饭时声音已经有点大了，但小保罗不能因此而兴奋过度，更不能允许它在桌子底下啃咬孩子们的袜子。

灌满美食的小瓶子

你想亲自动手为小奶狗做一个有趣的小瓶子吗？好吧，让我们动起手来吧！

你需要什么东西？

一个空的塑料瓶，一条较粗的绳子，一把小钢丝锯，当然还需要一些给狗吃的食物。如果你愿意的话，你也可以用小蜡笔，让瓶子变得更“漂亮”一些。

让我们开始吧

1. 首先把瓶子的塑料盖子拧下来，然后小心翼翼地用钢丝锯把拧盖子的螺丝口锯掉，这道工序最好请大人来帮忙，让他用手按住瓶

子，不要让瓶子跳动。把锯下来的瓶口和盖子都扔到垃圾桶里。

2. 现在你需要一根绳子。在绳子的一头打一个普通的八字结。注意：不要收得太紧！把打好绳结的这一端塞到瓶子里去。这可能有点困难，因为它取决于你的绳子有多粗。借助铅笔或吃饭用的勺子，把它塞进去。

3. 当你把绳结塞到瓶子里后，你可以把绳结拉紧。注意：你可以用一只手握住瓶颈，另一只手拉住绳子，将绳结抽紧。

4. 现在向瓶子里灌食物：可以把买来的狗粮灌到瓶子里。于是，一个能给小奶狗带来乐趣的小玩具就完成了！

5. 现在可以让你的小奶狗尝试一下，看看它是怎样吃到瓶子里的食物的。尽管有点困难，但还是让它自己开动脑筋吧。除了狂吠几声，你会看到它会用牙咬或用鼻子拱，不过很快它应该会想到拉绳子的办法了。瞧！瓶口被打开了，一粒粒狗粮正从瓶子里掉出来呢！

给父母的提示

你的孩子有可能认为小奶狗很蠢，认为它不是一个“真实的可爱玩具”。不过你是小奶狗的主要照顾者，因此应该由你来决定，什么时候可以与小奶狗一起玩耍，让你的孩子来倾听你的经验。一只小奶狗需要大量的休息时间，而且需要像新生儿一样受到关注，而你的孩子可能会对此感到羡慕嫉妒恨。为了抵消孩子的失落感，建议你与孩子一起动手为小奶狗做些玩具，就像圣诞节与他们一起烘烤饼干一样。

这种方法也可行

1. 如果你手边没有绳索，你也可以用锋利的剪刀在塑料瓶的中间部分挖几个小孔。小心，不要划到你的手指！制作的小孔必须足够大，能让装在瓶子里的食物一粒粒地掉出来，但也不能太大，不要让食物一下子全掉出来。

2. 然后，把狗粮等食品装入瓶中，把盖子盖好。

3. 现在可以给它玩了：它必须不断地来回滚动塑料瓶，才能让食物从小孔中掉出来。

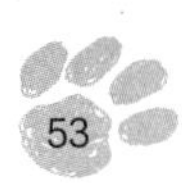

家　规

俗话说，没有规矩不成方圆。为了让小奶狗从一开始就能融入你的家庭生活，你需要制定一些家规。

有关小奶狗的家规

众所周知，只有当家里的所有成员遵守商定的规则时，这个家才能和睦。其中有些规则具有普遍性，而有些规则在不同的人之间是区别对待的。

为了让你的四条腿小家伙能尽快地融入你的生活，你需要给它制定家规，以确保彼此能礼貌互动。

有些家规与你的家庭和你的日常生活有关，而有的家规则适用于你家的小奶狗。但是，不仅对狗狗很重要，对于我们（无论大人还是小孩）也很重要。毕竟，你们是一个家庭，每个家庭成员都必须认真对待这些家规。

一般来说，小奶狗很快就会发现家里存在着不公平的情况。所以，让我们从训练小奶狗遵守家规的基础知识开始，由于这些内容非常重要，本书将陪伴你完成对小奶狗训练的全过程。

⊙ 说“请”

作为一个最基本的要求，你家的小奶狗应该学会说“请”。它不可以对着你咆哮或狂吠，而是必须用坐下的方式向你发出信号，让你知道它想去花园里玩，或是想吃东西，或是需要你的关怀、抚摸，等等。如果你家的小奶狗从一开始就学会用坐下来的方式来表达它的“请求”的话，你的生活就会变得轻松很多。

⊙ 等待

家规的基本要求中还必须包括让你的小奶狗学会等待。对于小奶狗来说，等待是相当无聊的。当它抱怨时，你必须立即出面制止。你要让它知道，等待是必不可少的，特别是要让它意识到它在家里的位置。当你在给孩子绑鞋带时，小奶狗必须在一旁等待；当你吃饭时，它也必须安静地等你把饭吃完；在你接孩子放学时，它也必须陪着你等待。它必须等到你说“去吧”，它才可以行动。它必须等着看你走出家门；它必须等着你把绳子解开，让它与其他小奶狗去玩耍；它必须等到你过来和它一起玩。关于“等待”还有许许多多的例子。要让小奶狗知道，等待是一种耐心的态度好的

表现。如果它乖乖地等待，你就应该及时给予食物奖励。顺便说一下，在这里，小奶狗究竟是坐着等、趴着等，还是站着等都无所谓，因为这些并不重要。

⊙ 不可以跳跃

小奶狗的生活都应在地面上进行。厨房的操作台、放咖啡的小圆桌，以及我们用餐的饭桌上没有它需要的任何东西。同样，它也不可以往人身上跳。如此便不会发生蛋糕或三明治被小奶狗偷走的问题，你的衣服也能保持干净，来访的孩子不会受到惊吓。

当然，等你家小奶狗长大以后，你可以随时训练并“邀请”它往你身上跳，但这就另当别论了。

⊙ 不可以抢食地上的东西

这条家规就是要求小奶狗学会耐心地等待，而不是立即去抢食掉在地上的东西。当我们在做饭时，可能会不小心掉落一块洋葱或奶酪在地上，也可能是你桌上的圆珠笔或是你孩子的彩色铅笔，这些东西对于狗狗是陌生的。因此，“先到先得”的规则不适合小奶狗，它必须学会“冷静……等待”，所有一切都必须由我来决定，它是否可以得到这些东西。

⊙ 用绳子拴住时，不可以咬绳子

是的，这项训练与等待有关，同时也能保护小奶狗的生命……对于所有狗的主人来说，经常需要用绳子来暂时约束它们。比如，你要到面包店里去买面包。通过这种方式，你可以安心地做

> **训练小技巧**
>
> 切勿将你的小奶狗固定在看似坚固的物体上，比如固定在自行车架上！许多四条腿的家伙在冲动时会力大如牛……它可以轻而易举地拽倒一辆自行车！

你的事情，而不用担心你的狗狗会发生什么情况。你决不能允许它咬断绳子，然后兴高采烈地跟着你逛超市。

⊙ **可以独处**

人和狗都属于群居动物。但是在日常生活中，有时是不允许我们一直待在一起的，所以小奶狗从一开始就必须学会独处，因为它迟早要面对这一天。要知道，分离的恐惧会给小奶狗带来很大的不安。此外，从小训练小奶狗独处，要比等它长大以后再训练容易得多。当一只狗狗已经习惯了12个月的全方位服务时，突然让它自己独处是很危险的。

⊙ **控制咬合力**

如果小奶狗使用牙齿用力过猛，它立即会从它的母亲或兄弟姐妹那里得到明确的反馈。然而，它们并不知道人类的皮肤比它四条腿的兄弟姐妹更容易受伤，因为之前它从未有过与我们人类在一起生活的经历。对于有小孩的家庭来说，小奶狗能学会抑制自己的咬合力，这一点非常重要。不过，它怎样才能学会呢？

通常，一个大大的拥抱就足以让它明白这个原则。当小奶狗开始用牙齿接触你的时候，你就立刻站起来，停止拥抱。一般来说，小奶狗会惊讶地坐下来。这就对了！你可以抚摸一下它的脑袋，以兹鼓励。在不同的地方重复这个动作，它就会记住了。如果你的孩子与小奶狗玩耍，而它突然变得过于粗暴时，请展示你的权威，及时进行

干预，并保护好你的孩子。如果小奶狗继续跳跃并咬住你的衣服时，你可以将它拉到门边，让它平静半分钟。

很快，小奶狗就会意识到，自己在拥抱或玩耍时必须很谨慎，并且不得有粗鲁的行为。

有关人类的家规

家庭中的所有成员应该享有平等的权利和义务。如果小奶狗遵守了家规，那么我们人类也应当遵守。

⊙ **当它在窝里休息时，不去打扰**

当小奶狗在自己的小窝里休息时，请不要触碰它、抚摸它，或者跟它说话。因为只有这样，它才可以得到真正的放松和休息，而我们也能实现将一只始终保持平静的小奶狗抚养长大的目标。如果小奶狗感觉到它所在的地方可能会发生“事情”，那么它就很难真正地放松下来。

⊙ 先把屋门（花园门）关上，然后再处理其他问题

所有家庭成员都应该牢牢记住：无论你有什么事情或者你的事情有多么着急，当你回到家后，首先应该把房门或者院门关上，然后再来处理自己的事情。这条规则可防止你家的小奶狗逃出家门或院门，从而避免发生更糟糕的事情。

给父母的提示

为了让你的孩子能遵守家规，最好与你的孩子一起来制定这些规则。比如，“不要经常打扰小奶狗睡觉”或“始终保持院门处于关闭的状态”等，这是很有益的。建立一个家庭委员会，让大家一起来制定家规，这个主意怎么样？除了给孩子们留一个专门的页面外，我还提供了许多选项，以帮助孩子与他们最好的伙伴安排玩耍的时间和方式。用不了多久，小奶狗或许更喜欢听你孩子的话，胜过听你的话！

与小奶狗在一起时，哪些可以做，哪些不可以做

与小奶狗相处的思考：它喜欢什么，不喜欢什么？它真的喜欢拥抱吗，或者它更喜欢与朋友一起炫酷？

你有过这样的经历吗？一个你素未谋面的阿姨来你家拜访时，她突然亲了一下你的额头，留下了湿漉漉的唾沫。呸呸！一个叔叔在和你打招呼时，他老喜欢掐一下你的脸。天哪！这一点都不好笑。当你跟你的小奶狗打招呼、亲吻它、抱它时，它也会有同样的感受。狗与我们人类的问候方式是截然不同的，究竟有哪些不同，你可以在这里找到答案。

嗨，这是怎么了？！

每个人都有他的个人空间。想象一下，伸开你的双臂，转个圈，画出的一个圆圈范围，那就是你的个人空间。小奶狗也有它自己的个人空间，所以当

你问候一只陌生的小奶狗或你自家的小奶狗时，一定要注意这个空间，不要直接扑上去抱小奶狗。当你弯腰俯视小奶狗时，它会感到害怕。如果你无视它的个人空间，它会觉得你很鲁莽。毕竟，你也不愿意被任何你不熟悉的亲戚突然拥抱。

如果你想问候小奶狗，那就在它的身边蹲下来。不要像喂马一样把你的手伸出去，而是把手放在腿上。等到它准备好了，它会主动来靠近你，用鼻子来嗅你，可能还会围着你转一圈，并试图用舌头舔你。以此来告诉你，它准备接受你了，而你当时也注意到了它的个人空间并给了它足够的时间。现在，你可以抚摸它并和它一起玩耍训练了。

所有人对小奶狗来说都是威胁？！

小奶狗实在是太可爱了，通常我们会情不自禁地快速走上前去抚摸它，和它一起玩。然而，你的突然弯腰会让小奶狗感到非常害怕，这就犹如一个白色冰淇淋圣代要砸到它的脑袋上一样。想象一下，当你和你的父母一起在操场上玩时，突然有人大声尖叫着，张开双臂直面向你跑过来，你会怎么样？对，你一定感到非常恐慌。对于小奶狗来说，同样如此。当你快速迎面跑向它时，它会感到害怕，即使它认识你。

所以最好先放松一下，慢慢地朝着小奶狗走去。采用这种方式，让小奶狗意识到你对它没有恶意，让它做好准备迎接你的到来。

小奶狗，我好喜欢你！

你可以在边上仔细地观察一下，看看小奶狗是如何互相问候、在一起玩耍的。显然，它们不知道什么是拥抱！对此，我们人类则很难想象。如果我们喜欢某个人，我们便想去拥抱他。那么，我们该如何展示我们对小奶狗的爱呢？没错，我们会拥抱它！回想一下，你上一次按住你家小奶狗或是邻居家小奶狗的脑袋时，它做了些什么。它是投入你的

怀抱呢，还是默默地走开了？大多数狗狗或许会僵硬地保持不动，或坐下，或试图摆脱你的拥抱，因为狗狗不知道拥抱的含义。现在，如果我们强行按住它，把它抱在怀里，这会让小奶狗感到不舒服，而它也会将这种行为认为是你对它的一种威胁。因此，如果你不想让它认为你是在挤压它的呼吸，最好不要拥抱它。相反，如果你轻轻地抚摸它，抚摸它的整个身体，特别是那些它最喜欢被触摸的地方，可能是颈部，也可能是臀部或肚子，我想你的小奶狗一定会意识到你非常非常地爱它！

不要去拥抱、亲吻和粗鲁地抚摸小奶狗，这对大多数小奶狗来说会感到很不舒服。

小奶狗的“个人”区域

除了基本的家规之外，每个家庭还可以自行设定一些规则。这对于单身的或是丁克家庭来说，并没那么重要，但对有孩子的家庭来说很有意义。

⊙ **不让进厨房**

根据这个规则，可以把家里的某些地方划为禁区。在某些家庭中，建议不要让它走进厨房。像德国大丹犬这样的大型狗，千万不要引诱它去厨房，因为这里隐藏着巨大的风险，它在路过时可能会叼走一块面包或是一根香肠。还有，当你在厨房忙碌时，它会让你感到碍手碍脚。

现代化的客厅设计，往往具有开放式的厨房和相邻的餐厅，这无疑与这条家规相冲突。然而很幸运的是，小奶狗完全能理解如何在地标上确定好自己的位置。例如，你可以将角落的冰箱或大型植物作为边界，采用这种方式，你的小奶狗可以学会将某个物体视作边界。或许你家厨房与平时的活动空间有着不同类型的地表面，小家伙也可以在这个“自然边界”上给自己定位，通过一段时间的训练后，自然就形成了一条光学边界线。或者，你也可以在地板上粘贴一根线条（注意：不要粘贴在木质地板上）。

⊙ **不让进孩子的卧室**

如果从一开始你就禁止你的小奶狗进入孩子的卧室，那么你可以省去很多麻烦。孩子和狗都很可爱，如果你的孩子愿意照顾你的家庭新成员，并愿意向它展示他的世界的话，那是一件非常棒的事情。但是小奶狗不明白，虽然是最好的朋友，但是娃娃、积木和其他玩具是不能共享的。通过设置禁区，你可以清楚地看到，孩子房间里的儿童玩具依然能保持完好无损，小奶狗也不会坐在你孩子玩游戏的那张毛茸茸的地毯

上。你的孩子需要一个私密空间，这个空间只用于满足孩子的需要，而不是满足小奶狗的需要。

⊙ **好吃的东西也要慢慢食用**

如果家中有孩子，建议从一开始就要教你的小奶狗慢慢地从孩子的手上享用美味的食品。任何快速抢食都不要让它成功，也就是说，一旦发生小奶狗抢食的情况，立即用手握住美味的食物，不让它吃到，将食

物远离小奶狗的嘴所能接触到的地方。然后，再试一次。如果它慢慢、谨慎地食用美食，你应该立即给它奖赏，并定期训练。

⊙ 手套、悬挂的物品、裤腿等都不允许它叼

为了防止小奶狗犯错，为你的小奶狗设立一些家规是很有必要的！你可以在小奶狗日常活动的地方发出一些命令来训练你的小奶狗。现在这只9周大的小奶狗看起来又可爱又活泼，它会咬住你孩子帽子上悬挂下来的小绒球，或者咬着你的手套在墙角处疯玩。但是，如果这是你最喜欢的手套，而且你到处在找这副手套，你就不会感觉它可爱了。如果你的小奶狗在经过邻居家时，去咬你邻居的裙子，那就不好笑了。所以，从一开始你就必须严格要求你的小奶狗，必须进行反复的训练。另外，将所有这些东西都清理掉，或挂得高一点。

> **训练小提示**
>
> 孩子在用手喂食时，一定要把手张开，就像喂马一样。如果他们能站在狗的边上喂，那就太棒了。因为在侧面喂食物，就是在用肢体语言告诉小奶狗“我很友好，我不会伤害你”。

结交社会和做游戏

当小奶狗搬进你家时，你的小奶狗仍处于结交社会的阶段。你要充分利用这个时间窗口，向它解释世界。告诉它，对于外面的世界，它不需要害怕。

为生存而学习

小奶狗应该在它生命的第一年里就充分了解它未来一生中可能会遇到的所有事情。如果它在年轻时缺少对未来生活的了解，那么在它以后的生活中往往会因为感觉不安全，而处处施展其攻击性的行为。对我而言，向小奶狗展现宽广的世界，并不意味着需要付出额外的时间，而是自愿参与到小奶狗的生活中去。

“一次不算什么，两次就会形成一种趋势，而三次就会成为习惯。”当我在学习新东西的时候，我的祖母就是这么对我

说的。因此，你必须让小奶狗面对不同的环境诱惑，这样做可以使之受益终生。在接触社会时，第一印象尤为重要，因为这种印象是根深蒂固的，所以请谨慎地带着你的小奶狗进入学习情境。第一印象不会有第二次机会。如果在第一个情境中事情进行得不顺利的话，你的小奶狗在下一次出现相同情况时，就不会表现出正确的行为，你必须以极大的耐心和自信帮助它。你要相信，这不是一件坏事，你的小奶狗还有机会重新去面对。

任何时候都不要给自己施加压力。当然，结交社会的过程会很长，需要学习的内容也很多，但并不是所有的小奶狗需要把所有的事情都学习一遍，毕竟每只狗狗的情况都不尽相同。有些幼犬在面对特定的情景时，它的内心会显得成熟一点，而另一些幼犬却很好奇，往往不经思考就会立即去做。这与儿童的成长有着明显的相似之处。

宽广的大世界

在下面的几个段落中，我列出了一些结交社会的情境。首先要声明一下，这些情境并不是包罗万象，详尽无遗。其次，请大家不要在“80天内环游世界”，将所有的选项一一打钩。请给你的小奶狗留出足够的时间，让它慢慢地接近陌生人和新事物。

所有这些情境都要在以下基础上进行：请在安全的范围内以及在先低后高的强度下，让你的小奶狗去了解新事物；要允许你的小奶狗与新事物发生矛盾，但不能造成危害；请注意它的肢体语言，舔嘴唇、低下头或转向另一边、耷拉着尾巴以及嗅探地板等，这些都是典型的信号，表明你的小奶狗承受不了这种情境，紧接着它可能会吠叫或咬人。这里我不得不说，在判断它的肢体语言时，请一定要综合考虑整个背景情况。

⊙ **各种不同的情境**

要让小奶狗适应各种不同的情境。随着孩子们的到来，结交社会的各种活动都会自然产生。你的孩子非常想了解各种各样的大自然情景，比如森林、小溪、沙滩等相类似的地方，而你的小奶狗也很快会被吸引而去。瞧！这就是一个非常完美的学习情景。请注意：在过栅栏时，要确保小奶狗不会伤到它的爪子。如果要跨越横在地上的树干和石头时，不要让小奶狗摔倒了。

⊙ **日常物品**

我们的很多日常物品，对于小奶狗来说没有任何意义，却时常会吓到它。比如，真空吸尘器、扫帚、吹风机、镜子等，其中还包括搅拌机和割草机。

⊙ **不同类型的车辆**

让小奶狗了解汽车以及公共交通工具。也就是说，你得向它展示你使用的所有东西。因此，你不仅要开车，还要带着它去乘坐各种公共交通工具。虽说小奶狗的一生都可以学习，但是年幼时便参加过各种社交活动的小奶狗更能从容应对。

⊙ **声音**

小奶狗必须习惯很多不同的声音：吸尘器、烟花爆竹、轰鸣的大卡车、建筑工地的噪声等。可以这样说，如果你受不了这些噪声，你就会

对它们异常敏感。所以，你应该先带上你的小奶狗去体验一下。

⊙ **光线的诱惑**

移动的光线对犬类来说具有很大的刺激作用，尤其是猎犬，它会把这种光线视作猎物。然而，当一只小奶狗还处在成长阶段时，它会害怕这些东西，尤其是当它处在黑暗中时。

⊙ **宠物**

有些家庭还饲养着各种不同的宠物，如鸟类、仓鼠、鱼类、鬣蜥……所有这些家庭成员，都要让小奶狗慢慢地去适应。

一般来说，所有的犬类都应该认识一种动物，那就是猫。当我带着我家的小奶狗在街上溜达时，很容易遇到猫。如果你家的小奶狗已经适应了猫的话，在见到邻居家的猫的时候，就不会落荒而逃，也不太会发生不愉快的事情。

⊙ **惊恐时刻**

在每天的日常生活中，经常会发生一些让我们感到惊恐的事情。比如孩子摔倒时，正好压在了小奶狗的身上，在一个建筑工地上突然传出一声巨响等。现在给你的小奶狗也来一个惊恐测试，如何？当你的小奶狗正忙着啃骨头，就在它的附近掉落一把钥匙或一个小锅盖。请注意上面提到过的经验法则，先弱后强！如果你的小奶狗表现出非常惊恐，就将一大把食物撒落在它面前的地板上，而你则要表现得很平静。经过反复训练，它就能一点点学会如何在受到惊恐之后快速调整好自己的状态。

⊙ 陌生的狗

为了小奶狗的安全，一般你只会让它接触附近的狗狗，而这些狗狗一般能很友好地与它相处。至于那些陌生的狗狗，它肯定不会喜欢。所以，如果有可能的话，选择一些不同类型的狗：小的、高大的、瘦的、胖的、皮毛短的和皮毛长的……这样它就能充分了解到狗狗的不同类型了。

⊙ 陌生的人

穿着制服的男人看起来非常帅气，但他却会让你的小奶狗感到不安。无论是消防队员、邮递员、穿着工作服的工人还是类似的人员，他们身上的制服会显得与众不同，他们的气味也会与众不同。留着胡子的男人还是戴上眼镜的女人，仅仅这些，就让小奶狗有了许多要学习的新东西！

如果你家的小奶狗在某个人面前表现出很不安，那么你就应该让小奶狗去面对这个人。首先放开你家的小奶狗，然后你上前去和那个人表达亲近。注意：不要让这个人主动去接近

你的小奶狗，而是要鼓励你的小奶狗放轻松往前走。切记，千万不要强迫它去接近。

为建立感情而游戏

玩游戏对于你与你家小奶狗建立感情至关重要。人类的孩子通常能直观地知道这一点。你可以与你家的小奶狗一起去探索，而且只是为了玩耍而玩耍。在非强迫的游戏中，小奶狗能学会彼此了解，建立感情，设定界限和开放限制。你作为“决策者”应参与同小奶狗一起玩游戏，这一点非常重要。

但是怎样才能玩好游戏呢？与此相关的书籍已经写了很多了。拖拽游戏就是一个好例子，拖拽是一种进攻性游戏，能展示它的狩猎行为。当经过所有的训练后，你的小奶狗仍然对着松鼠或邮递员狂吠乱叫，其实错在你。这一切都是因为你和小奶狗玩得太开心了……其实训练小奶狗就是让它学习听命令，而不是玩得开心！当然，我们不能像狗狗一样玩，因为我们是人类。但是，我们可以尽可能地复制这种游戏的玩法，我们可以引入一个猎物，比如选择一根绳子，在绳子的一端绑上一个绒球，当然也可以没有这样的猎物。

> **训练提示**
>
> 在接触社会的活动中，每个参与者都应尽可能保持平时的状态，不要理会小奶狗的任何焦虑行为，因为同情和怜悯无法帮它做决定。所以，不管遇到什么事情，不要心软，不要为它伤心落泪，而要成为它自信的基石。当然，它可能会在你身边寻求庇护，但同时也要让它看到你的自信，因为事实上没有什么可害怕的。

无论你和你的小奶狗喜欢哪种游戏，都要遵循以下三条原则：

1. 你俩都要放松、尽情；

2. 你的小奶狗要懂得敬重，人没有像狗一样的皮毛；

3. 由你来决定什么时候结束游戏。

交换猎物——让小奶狗将猎物吐出来！

在玩拖拽游戏时，要小奶狗把咬住的猎物吐出来，其实非常简单：用一只手抓住猎物，另一只手给你的小奶狗提供食物。很快，它就会吐出战利品。当它张开嘴时，你要给它一个口头信号，对它说“吐”，同时要表扬它能将战利品吐出来的行为！还有一种方法：你可以为你的小奶狗提供另一个猎物，这样就能轻松地将第一个猎物替换出来。抓住小奶狗的下巴，用力压它的舌头，将猎物从小奶狗的嘴里硬抢夺下来的方法是一种很粗暴的方法，尤其不要当着孩子的面这样做。因为孩子喜欢模仿成人的行为，一旦你家的孩子这样做了，就很容易被小奶狗咬伤。

⊙ 猎物游戏

猎物游戏是为了赢得和交换战利品。这里着重要让你家的小奶狗知道，只有生病的猎物才会跑到它的嘴边来。因此，不要将猎物放到小奶狗的嘴里。在简要地向它展示猎物后，应迅速地将猎物从小奶狗身边移开，它会立即去追逐，这时你应该如同一只四肢动物一般，弯腰或蹲下，完全像小奶狗一样，甩动手中的猎物。当你的小奶狗咬住了猎物，你可以放手并抚摸它，以表彰它抓住了猎物。或者，当它死死地咬住猎物时，你可以拽住绳索的另一头，尽情地和它一起玩一下！最后，你要让你的小奶狗赢，这样它会像获得奥斯卡奖一样感到自豪！不过，一定要在它失去兴趣之前，从它那里拿走猎物并结束游戏。

⊙ **无猎物游戏**

没有猎物的游戏同样可以很有趣，比如你可以与小奶狗进行跑步比赛，你和它一起在地上扭打着玩，在沙滩上一起挖掘令人兴奋的物品。没有猎物的游戏尤其能体现人与小奶狗之间的关系是否和谐，因为这时人与狗之间没有“人为的”牵连。

对我来说，哪些规则很重要？	优先

我的小奶狗应该认识什么东西？	

训练小奶狗

要训练小奶狗懂得日常生活中的一些信号，了解所有好的行为举止。就像一只工具箱，只有当它配备了所有重要的工具时，才是一只好的工具箱。

少壮不努力，老大徒伤悲

就像人类接受教育一样，当我们的狗能够“读和写”，也就是说它能用坐下和卧倒的动作接受人类对它的命令，毫无疑问会对它的未来产生巨大的好处。那么，我们的四条腿朋友怎样才能更好地学习呢？

为什么要学习？

要想训练一个生物，我们必须知道，它如何才能更好地学习，一定要注意这些知识，让训练小奶狗成为一件有趣的事情，就时间和作用而言，这是非常有效的。从现在就开始学习，有句谚语说得好，不要当你的孩子掉入水中时才教他游泳。

为什么要学习？

答案其实很简单：每个生物都需要学习，以便有一天能成功地运用所学的知识和经验。一个生物要想生存下去，就必须每天接受新的事物，比如苹果是否可以食用，蛇是否危险，等等。这些都是很费力的事情，生物要为自己的生存以及生存的方式而学习。凡是对它有益的事情它可以重复练习，而对它不利的事情就没必要重复。因为从生物学的角度来说，它的意义重大。这同样适用于你家的小奶狗，它表现出这样或那样的行为，因为那么做能给它带来好处。而人对它来说并不是最重要

的，这并不是一种不好的行为，而是一种自然的行为，如此我们可以与它更好地共同生活。

小奶狗该怎样学习？

小奶狗与我们人类一样，有着许多不同的“记忆形式”，以刺激和回馈的形式将所发生的事情留在超短期记忆中。如果我希望小奶狗能在以后的日子里唤醒这种经验，那就必须将它转移到短期记忆中，然后再转移到长期记忆中。这是通过构建新的神经细胞以及扩展现有的神经细胞来实现的。长期记忆又分为初级长期记忆和次级长期记忆。来自初级长期记忆的知识虽然依旧存在，但只能相对缓慢地被唤醒。如果我要立刻唤醒小奶狗的某个行为，比如让它到我的身边来，那我必须让它保存在次级长期记忆中。这只能通过适当的训练才行，也就是不断地练习。我可以通过某种情绪来推动整个事情，因为任何与强烈情绪相关的事物都会立即储存在次级长期记忆中。出于这个原因，你要对小奶狗在学习过程中所取得的成就表现出由衷地高兴，并对此做进一步地加强，这样的训练会很有效。

我们无法绕过反复训练，但至少可以缩短训练的过程。

小奶狗在它的一生中，只要不处于睡眠状态，都能够学习。出于这个原因，我想介绍一下针对性训练的学习形式。

强行记忆

强行记忆意味着在小奶狗需要经历的几个敏感阶段时必须进行强制学习。虽说在这些阶段学过的东西并不是不可逆转的，但是在这些阶段学会的东西往往很难再改变。了解居住空间的学习就是基于这样一个事实：小奶狗应该了解不同的空间，当它成为一只成年狗狗以后，也能在新的环境中陪伴我。小奶狗在面对新环境时可能会表现出焦虑的情绪，它不了解这个空间，因此会很小心。只有当它熟悉了所在的空间时，你才能对它进行有目的的训练。在有安全感的基础上，它才能专注于我们的训练。

概括——桌子就是桌子

狗不会对事物进行概括，而这对于我们人类来说却是非常容易的：我们知道桌子就是桌子，无论它是放在客厅还是放在露台。而对于狗来说，这就是两个不同的物体。狗是在总印象中学习的，它吸收所有的一切。也就是说，在学习情境中，小奶狗接受所有信号，比如我们是否弯腰，我们的腰部是否有放食品的袋子，我们穿什么衣服，天气如何，附近是否有其他动物等。如果小奶狗无法接受“坐”的信号，我必须扪心自问，它是否有能力充分地概括信号。

模仿

所谓模仿，就是幼犬模仿家里大狗的行为，模仿它的运动功能和社

会行为。通过这种方式，小奶狗不必从头开始自己去体验所有的事情。这种学习方式在动物身上很常见，任何情况都有它的两面性，因为小奶狗并不只是模仿大动物的好行为……所以我应该非常小心，让我的小奶狗与什么样的大狗进行交往，其实这与儿童的教育完全一样。

关联性

在有针对性的训练中，小奶狗学习最多的就是关联性：刺激—反馈。最典型的例子就是用绳子牵引。用绳子将狗拉到草地上（刺激），它会立即嗅探起来（反馈）。将牵狗的绳子从钩子上解下来（刺激），我的小奶狗就会兴高采烈地期待着去散步（反馈）。这其中还包括古典式和操作式条件反射。

以前你也许听说过“古典式条件反射”。俄国生理学家巴甫洛夫在研究中发现，一只狗狗经过训练后，只要一听到摇铃声，

良好的建议和支持

报名参加一个好的狗狗学校，可以很好地教育你的小奶狗。通过这种方式，你就有了“第三只眼”，它可以指导你，并对你的小奶狗到目前为止的学习情况进行评估。

它便会垂涎三尺。他是怎么做到的呢？每当他敲响钟声时，他都会给狗狗喂一整碗食物，小奶狗由此产生了关联性：铃声=食物。其结果就是，小奶狗听到铃声就会产生唾液。有趣的是，即使你把刺激，也称为触发器（即铃声和食物）彼此分开，整个过程也会起作用。仅仅“铃声=对食物的记忆=唾液”，这种关联就被称作古典式条件反射。

操作式条件反射通常是指动物的自发性试探活动，这需要小奶狗本身的创造力和想象力。小奶狗通过反复尝试和犯错才能知道：哪些是人类想要的，它表现出怎样的行为才能得到人类的奖赏。制裁在这里没有任何作用，任何有压力的人都无法自由发展和学习。这里所谓的响片训练（用响片发声器进行训练）也很有效。不过，关于响片训练的主题超出了本书所要讲述的范围，但在文献资料中有很好的链接，有兴趣的读者可以了解一下。

为了让你的小奶狗学得更好，你需要设定一个框架：

第1步：定义你的小奶狗应具有哪些行为。

第2步：确定是否需要增加或者减少这种行为。

第3步：确定是否需要添加或者排除你与小奶狗相处的情景。

不是永恒的？灭绝

“灭绝”这个技术术语来自心理学，这里是指将某种行为进行彻底“删除”：从小奶狗的角度来看，原以为能得到回报的行为，却立刻遭到了斥责，由此它就不会有任何理由再次表现出这种行为了。但这里还存在一个问题，大脑类似于互联网，可以删除数据，但它却不会丢失。因此，当我们在门口迎接访客时，小奶狗突然跳起来，扑到客人的衣服上（“哦，这没关系，它没有打扰我！”），当它的这种行为再次出现时，我们必须对它进行重新训练。

我家小奶狗已经学会了这些事情：

狗狗，典型的机会主义者

狗基本上是利己主义者。在我们眼中，如果它们表现出“正确”的行为，并不是说它想哄我们开心，而是基于它的这种心理：“什么对我来说是值得的，什么不是？”而如何把握这种学习机制，对我们训练小奶狗是很有帮助的。

这值得吗?

小奶狗具有哪些学习机理呢？从科学的角度来看，所有生物的学习机制基本上可以分为两类：

1. 奖励：如果这种行为的后果对生物具有积极的作用。

2. 制裁：如果这种行为的后果会带来不愉快的经历。

为了能让生物在其行为与产生的后果之间建立起联系，就必须在很小的时间窗口内（即所谓的第一时间）做出相关联的奖惩。所以，当你回到家时，你再将小奶狗拉到

它早先乱拉屎撒尿的地方进行惩罚，其实已经没有任何作用了，因为此时的它已无法理解这种关联了。或许，你应该早点到家。

奖励和制裁都可能是正面或负面的。这里，正面和负面都不应理解为对某一行为的评判，它们仅仅意味着添加或者删除某种刺激。人们在谈及训练过程中的方法时，不要有太多的情绪。对小奶狗来说，有些是值得的，有些是不值得的。所谓的强化在这里起着催化剂的作用，将小奶狗推向我们所希望的方向发展。

奖励

对于小奶狗来说，它能接受的所有东西都是对它的奖励。最经典的就是食物奖励，也就是给它最喜欢的食物。或者和它一起玩游戏，游戏可以有战利品，也可以没有战利品。也可以让它与另外一只狗狗一起玩游戏，让它在湖中游泳，或是给它一个拥抱，邀请它在你的沙发边上躺下，等等。

负面强化

通过解除令人不愉快的事物，可以增加重复某种行为的可能性。比如，一旦你的小奶狗停止吠叫，你就立即终止那些令人不快的声音，这会增加它再次停止吠叫的可能性。注意：如果令人不愉快的刺激太强烈，小奶狗可能无法分辨出这种刺激究竟何时会停止，最终导致它无所适从。

惩罚

惩罚应该被理解为不允许再发生不良行为所采取的措施。

正面惩罚意味着我们添加了一个负面刺激，为小奶狗创造一个回避反应，以增加不再重复某种行为的可能性。比如，我们用一个喇叭声来吓唬正在吠叫的小奶狗，目的是让它不再吠叫。当我在类似的情景下观察到小奶狗的行为发生了改变，我才能说整个过程是否有成效，以及什么事情确实被联系到了一起。如果这种反应是终身需要的，那么这种刺激就必须足够强。

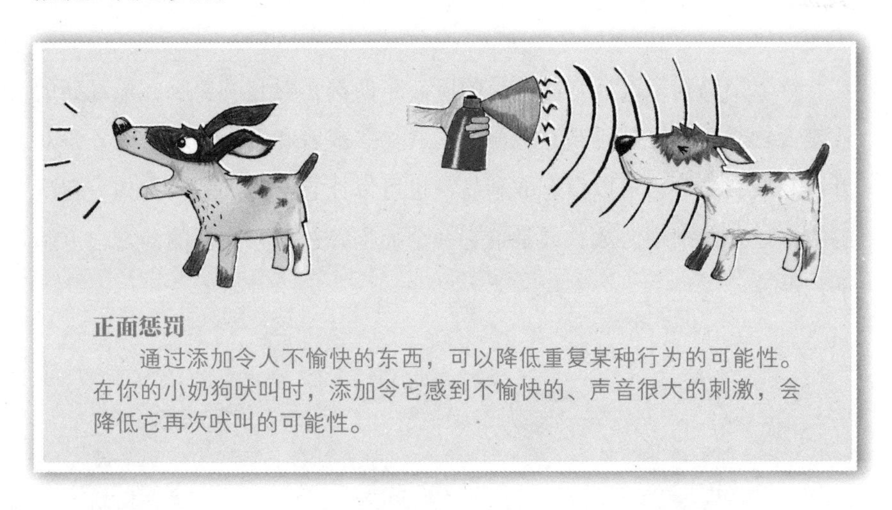

正面惩罚

通过添加令人不愉快的东西，可以降低重复某种行为的可能性。在你的小奶狗吠叫时，添加令它感到不愉快的、声音很大的刺激，会降低它再次吠叫的可能性。

负面惩罚意味着我们从小奶狗的身上拿走一些它想要的东西，以增加不再重复某种行为的可能性。比如，只要小奶狗跳起来，我们就不再理睬它，以此来降低它再次跳起来的可能性。这种制裁的形式也可以在自然界中找到。作为一个猎人，如果他没有紧紧地咬住猎物，就会让猎物逃脱。用令他痛苦的失望来回复他的高期望，那么下一次他就会变得非常专注。

强化手段

为强化小奶狗具有我们所期望的行为，我们所采取的全部措施可以视作强化手段——它可以是正面的，也可以是负面的。

正面的强化手段意味着我们添加一些东西来增加重复某种行为的可能性。比如，当小奶狗坐下时，每次都能得到美味的食物，这样它以后就会更频繁地坐下来。如果不用食物作为奖赏，也可以给它一个猎物玩具，让它玩耍或与外界接触（抚摸它或让它与其他狗狗玩耍），只要能让你的小奶狗开心就行。这对我们来说，就要给予更多的关注，以便发现它在哪些情况下可把哪些东西视作为奖励（正面的强化手段）。

负面的强化手段意味着消除负面刺激，为小奶狗创造一个回避反应，以增加重复某种行为的可能性。比如，当小奶狗对着我们吠叫时，我们就吹喇叭，这种情况对它来说是很不舒服的。当它不再叫唤，而是安静下来时，我们立即停止吹喇叭，此刻的它会再次感到很舒服。

这对于实际应用意味着什么？

一般而言，先设定好某种行为的后果（可以是奖励，也可以是惩罚），就可以开始对你的小奶狗进行训练了。由于小奶狗是机会主义者，它会在未来类似的情况下检讨自己的行为。如果得到奖励，它就会保持自己的行为；如果受到惩罚，它会改变自己的行为，来重新适应人类对它的要求。

因此，我认为正面强化和负面制裁是对小奶狗进行训练的最佳“支持”手段。

采用负面强化手段对小奶狗进行有针对性的训练，有时也是有问题的，因为失去信任的风险会很大。为什么我们要先管教它，而后再给它自由呢？

从生物学的角度来看，正面惩罚是在危及其生命的情况下为确保它的安全而设计的。在积极训练小奶狗时，我认为这种方式有时是很棘手的。因为如果我把这种刺激的强度加深，我就必须在小奶狗的成长过程中一遍又一遍地重复它，以便小奶狗能持续保持这种记忆。在没有把握的情况下，我只能依赖辅助手段，其后果则必须由我和它共同来承担。而另一个困境就是：小奶狗在学习的过程中，会把正面制裁与其他元素整合在一起。比如一只鸟刚刚飞过灌木丛，而小奶狗把我的正面制裁与这个声音联系在了一起，其结果可能会导致它在鸟类面前有不安全感。

负面惩罚

负面惩罚就是剥夺小奶狗迫切想要的东西，以减少它再次重复其行为的可能性。当小奶狗跳起来往你身上扑时，转移你对小奶狗的注意力并故意忽略它，这样可以减少它再次往你身上扑的可能性。

基础训练

每只小奶狗都应该接受一些最基础的训练，为将来接触世界做好准备。这就要求它了解重要的日常规则，并且明白哪些是它不可逾越的界限。

它接受的基础训练越好，你的日常家庭生活也就能变得更加轻松。

在这里，我把基础训练细分为“必须有”和“最好有”，以便更好地说明哪些训练具有优先级。“必须有”是你和小奶狗的第一件“护甲”。“最好有”则是大多数狗狗的主人需要的“工具”，你可以带着小奶狗更轻松地掌控你的日常生活。根据前面所提的家规，你应该知道一些训练科目。下面，我将逐步为你解释训练的过程。

注意，要给小奶狗发一个明确的信号！

这种信号有三种不同的类型：

1. 要让小奶狗做一个特定的动作，比如坐下来，就应该给它发出一个“坐下”的信号。

2. 要避免小奶狗做某些事情，也称为中止，就应该给它发出一个“停下”的信号。

3. 第三种信号可以帮助小奶狗理解某个动作什么时候结束，比如说一声“好了”，也就是我们所说的“解散”信号。

这些信号可以用口头的方式（比如，“坐下”）或通过手势（比如，竖起你的食指），也可以用肢体语言（比如，用手压小奶狗的背脊，让它顺从地坐下来）传达给小奶狗。

保持狗窝干净

通常，当我们把小奶狗从饲养员那儿抱来时，这些小奶狗都已经学会怎样让狗窝保持干净了。尽管如此，我们也不能忽视这一点，因为小奶狗很可能会快速“退化”。在客厅的地毯上撒尿或在浴室前留下一堆狗屎，它都可能认为是正常的。这就产生了一个大麻烦：卫生问题。特别是在有小孩的家庭中，你的孩子很快就会踏上探险之旅，他会踩踏小奶狗的粪便或将小奶狗的尿液弄得四处飞溅。

在保持狗窝干净方面，你本人就是最重要的因素。你要学会阅读小奶狗发出的信号，你要仔细观察小奶狗，要事先预测到马上会发生的事情，并及时将它带到外面去。最好的方法就是，让小奶狗没有机会在家里大小便。通过这种方式，当小奶狗长大后就不会选择“我可以随时随地……”不过，在匆忙的家庭生活中要持续观察小奶狗的动静并不是一件容易的事，所以你可以自己来掌控小奶狗的行为。

当发生下列事情时，应立即让你的小奶狗外出一次：

>它吃饱了以后

>它刚醒来时

>它刚玩够了以后

>它因口渴而喝了很多水之后

>你与它一起进行训练了之后

下面也是这种“不幸”即将来临的信号：小奶狗是否正在使劲地嗅你家的地板？它是否开始在转圈了？它的尾巴是否翘得越来越高？这时，你应该尽快让它到外面去！还有一点非常重要：每当它在外面完成“任务”后，请记得表彰它一下！此外，你也可以给它下一个命令：“去，到外面去小便！”随后，你家的小奶狗就会按着你的命令去完成任务。

结构化的训练

请尽可能在外部影响较小的环境中开始训练，先进行比较容易的训练，然后再慢慢地增加难度级别：1. 距离，一步一步地增加；2. 时间，一秒一秒地增加。这两个变量每次只能更改一个。

如果你没有时间观察你的小奶狗（比如：电话响了，你的孩子想告诉你些什么，他要给你看他画的画……），而它又被锁在了狗箱里或者被拴在了你的身边，当它意识到情况紧急时，它会马上向你报告，比如拽拉你的裙子或转圈圈，半径越小，小奶狗的这种生理需求就越迫切。

如果“不幸”的事情已经发生，你最好也不要大惊小怪。不管怎样，你还是要带着它到外面去一次，用纸巾擦拭一下，这样就很好。我们有时会听到这样的建议，就是将小奶狗的嘴摁在它尿的水坑里，这种建议可想而知是最糟糕的……

说“请”

小奶狗必须在幼年时就要学会坐下来，当小奶狗想要得到什么的时候（比如，它想出去，想被抚摸，想要和另一只狗狗玩耍……），它应该用坐的方式来表达。作为第一步，小奶狗要学会理解，哪些是正确的决定，哪些是它可以选择的。

训练的目的

你的小奶狗要学会说“请”，而不是用吠叫的方式提出要求（冲动控制），这能使你在日常生活中很受益。当有客来访或你家人回来时，你的小奶狗不能用跳的方式去问候客人，而应该学会坐下来。此外它应该理解，只有在这种情况下，它才能更快地外出，即你有条不紊地为它套上项圈，扣上绳子，而不是首先制伏它的跳跃行为。这种训练你应该在前面提到的家规中有所了解。

训练的步骤

1. 在做这项训练时，最好用绳子把小奶狗拴在你的身边。这样，你就可以及时地制止它学习那些你不想要它学习的行为。

2. 根据不同的情形，绳子有时可以长一点，有时可以短一点。

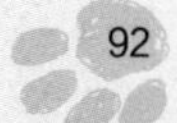

3. 每当小奶狗看着你时，它就能得到食物。

4. 你可以在屋里，也可以在室外进行训练，比如在花园里或在小路上。

5. 作为奖赏，每次都只能从它的每日口粮中拿出一些来喂它。

6. 在给它食物时，你拿着食物的手应在它的脑袋上方挥动一下，因为在它抬头用眼光追随食物时，它会自然地坐下，然后它就能得到奖赏。

7. 它必须很快地意识到，它要受到你的关注，它就应该来到你的面前，并坐下来。

8. 它要学会说“请”。从现在开始，它在你身边坐下就能获得奖赏。这种奖赏可以是爱抚、玩耍，也可以是食物。

如果不能立即见效，该怎么办

你要有耐心，因为小奶狗需要处理许多诱惑。你应该带着小奶狗先在比较安静的环境中进行训练。比如，当其他人都外出时，你可以在客厅里或在阳台门旁进行训练。此外，你还要看看你的奖赏口袋里的东西真的像你想象的那样有吸引力吗？也许你很喜欢西兰花，但你能用它来奖赏你的小奶狗吗？要确保小奶狗休息好，不会因压力而紧张，然后你再重试一次。在阳台门边上能成功吗？成功了？！太棒了！现在可以增加其中一个变量的难度，比如分散注意力（让孩子待在屋子里）或者换一个地方训练（在沙发旁或在花园的门口……）。

训练提示

小奶狗应该学习的第一词语就是它自己的名字。它应该把自己与它的名字联系起来。但是，名字并不是要求它做什么，比如你要让它到你这边来。在这种情况下，你应该在呼叫它的同时，再加上一个信号，比如“安东，过来”。

如果你必须以很快的速度从A点移动到B点，而拴在你边上的小奶狗跟不上你的步伐，你可以暂时先把它抱起来，毕竟谁都不愿意自己被别人拖着走。

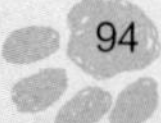

等待！

不管是对人还是对狗狗而言，等待都是一件非常无聊的事情。然而，能够耐心地等待却是一件很重要的事情。这是对冲动的控制，同时也能让小奶狗明白，它不可能立即能得到它想要的东西，这是训练小奶狗的第一块基石。

训练的目的

等待训练对于小奶狗来说至关重要，同时也是让它了解自己在家中的位置。它应该学习如何正确地看待“等待”。

当你在给孩子穿衣服准备送他去幼儿园时或是准备出去散步时，你家的小奶狗必须耐心地等待；在你解开拴在它脖子上的绳子，准备让它出去与其他狗狗玩耍时，它也必须耐心地等待。当你摆桌子准备吃午饭时，它还是要耐心地等待。至于它究竟是站着、趴着还是坐着等待都无关紧要，最重要的是它内在的心态。这项训练的目的就是要培养一个能静静等待的小奶狗，它必须让你先行。等待是所有训练的基础，而且“等待”这个练习你应该在前面我们所提及的家规中就有所了解。

训练的步骤

⊙ 课目1:

1. 把你的小奶狗用绳子拴好，你可以用脚踩住绳子或将绳子固定在一个坚固的物体上，比如一把厚重的椅子上。

2. 等待它用眼睛看着你，并保持平静。

3. 如果训练达到目的，就要奖赏它！同时，要口头给它一个信号“等着”！如果它能平静而认真地等待，就再奖励它一下。

⊙ 课目2:

1. 把小奶狗抱起来，将它放在一个高高的、狭窄的物体上，比如放在一个箱子上。

2. 看着它，不要让它跳下来！这项训练的目的就是要让它能在不习惯的环境下保持安静的状态，因为它信赖你，并相信一切都会好的。

3. 慢慢地，把你的手放下来，你要保持平静的呼吸，并自信地站在它的身边。如果此时小奶狗开始变得焦躁不安，你可以用手轻轻地扶着它，但一定不能让它动，然后再慢慢放开手。

4. 等它平静地保持一会儿后，再把它放下来。

5. 你是否意识到，你的小奶狗能很好地融入这种情景？现在你可以增加一个口头命令“等着”。

6. 当你把小奶狗放下来后，应给予它奖励。这样，小奶狗就会知道：

只要我安静地等着，主人就会把我放下来。

⊙ 课目3:

1. 当你在散步或在花园里观花时，用绳子将小奶狗拴在一条长凳上。

2. 你坐或站在小奶狗无法碰到你的地方。

3. 等它表现出平静的状态。理想的情况是，它能趴下来观察周围的环境或啃食你给它的玩具。

4. 用温柔的爱抚奖励它一下，解开绳子，牵着它继续散步。

5. 如果你感觉训练效果良好，在下一次训练时给它一个口头信号“等着”。这与课目1和课目2相同。

如果不能立即见效，该怎么办

你一次又一次的训练，是否感觉还是不见效呢？那么在训练时带上你的孩子，问问他们的想法，孩子往往有一种自然的观察方式，并且经常能看到最细微的变化。在奖励小奶狗时，时间上是否太早了点？尤其是在做“等待”训练时，你是否没有做到真正的放松？让你的孩子练习科目1和科目3，你站在远处仔细观察。俗话说，条条大道通罗马。你一定会找到适合你和你家小奶狗的训练方式的！

不许跳！

为了防止小奶狗偷吃三明治，把主人的衣服弄脏或把来访客人绊倒等事情发生，你应该明确地告诉它，它的所有生活都只能在地上进行，而且最重要的一点是绝对不允许它跳！

训练的目的

这项训练的目的是要求小奶狗知道，它的生活只能发生在地面上，不可以跳。否则的话，当它一高兴就往你家小孩和老人身上跳，而他们有的还不太会走路，有的因年迈走路不稳当，这就容易发生不愉快的事情。尤其是那些害怕狗的人以及孕妇，如果狗狗往他们身上扑，问题就更严重了。这项训练你应该在前面讲过的家规中有所了解。

训练的步骤

1. 如果小奶狗想往你身上跳，你就朝它的方向往前迈一步。你可以向它发出“禁止”的信号，以阻止它跳跃。

2. 以友好和冷静的方式与它交谈，然后再给奖励。

3. 这个方法通常很有效，因为你突然向它靠近，打乱了它原本的计划，使它失去了平衡。此外，通过这种方式，可以向它表明你是一家之主，你有权掌控一切。

如果不能立即见效，该怎么办

在某些情况下，上面描述的训练所产生的效果不怎么好，可能是因为小奶狗的动作太快，也可能是因为你的个子不够高。

在这种情况下，即使在家里也要给小奶狗拴上狗绳。当它要跳的时候，你只需一脚踩住绳子，它便跳不了，因为绳子会阻止它向上跳跃。

当小奶狗或幼犬喜欢往小孩或来客身上跳时，这种方式就特别管用。作为主人的我们可随时采取行动来阻止这个小家伙。

我们经常在报纸上看到这样的建议，当小奶狗想往你身上扑跳时，你应该立即转身离开。不过这种方法的效果可能不太好，因为它要求家

里的每一个人都必须遵守这一规则，而这几乎是不可能实现的。

注意，这会导致一连串的行为！

当小奶狗跳跃时，许多人会给小奶狗一个“坐下”的信号，随后它就会因为坐下而得到奖赏。这种方法可能有效，但不是必须这样做。有些小奶狗可能也会由此认为：“我往人身上跳，他就会注意我，给我一个信号，我听从了这个信号，就能得到奖励。”其结果就是，它跳得更厉害了，因为对于小奶狗来说，要获得奖赏的第一步就是跳跃。因此，我建议大家只有当小奶狗停下来，四脚稳稳地站立时，才能给它一个温柔的奖励。

训练提示

许多小奶狗跳跃，是想舔人的脸，它要以自己的方式与人打招呼。如果我们做出严厉的反应时，它会更多次地跳跃，以此表明它臣服于我们。所以，你应该冷静地对待你的四条腿家庭成员，并告诫它，这种问候方式不是你希望看到的。相反，你更希望它能保持安静。

用绳子牵着走

小奶狗与人一起出去散步，然而它却没有跟着回家，我想很多养狗者都有过这样的经历，你是否也有此困扰？跟着下面的提示一步一步地做，你将收获一只愿意让人牵着走的小奶狗。

训练的目的

小奶狗之所以愿意被牵着走，是因为它知道这种行为能得到奖赏。但是，有时候对于小奶狗来说，被绳子牵拉着是对其身体的挑战。因此，你应该让小奶狗在你的一侧行走，牵狗的绳子不能绷得太紧，但也不能拖在地上。所有其他方法都可能加重它学习的困难，比如把绳子拴在婴儿车上或者绑在你孩子的自行车上，让它跟着跑。

训练的步骤

1. 把小奶狗用绳子拴好，从你的包里拿出一大把奖励用的食物。

2. 只要它在你身边合适的一侧慢慢地行走并关注你，你应该在较短的时间内喂它好吃的东西。

3. 如果它做得很好，你可以接着试试这个方法——用一根较短的绳子拴着它走，随后它就能接收到这样的信号——在用这根绳子时，你

不希望它到处嗅探。

4. 如果你一开始就走得比较快，对于喜欢奔跑的小奶狗来说，这种训练会显得更容易一些。

5. 此外，从一开始你就应该让小奶狗走在你身旁的一侧。想象一下，如果总有东西挡在你面前，你是否会感到不适，所以要对小奶狗做出限制。

6. 如果小奶狗走到你前面去了，你应该在它的面前拐个小转弯，站在小奶狗面前，而让它往回退。当你保持直立且自信的姿势，你的小奶狗会更容易理解，它应该往后退。

7. 随后，不发出任何命令转过身来，继续前行。

如果不能立即见效，该怎么办

一旦你的小奶狗走到你前面去了，你可以有以下几个选择：

1. 拉住小奶狗不让走，不管它是否发出不满的咕噜声或嘶嘶声，就像在出发前一样，迫使它退回去。但这次要多走几步！

2. 你也可以告诫它（发出“禁止”信号）并可以用食物把它引回到正

确的走路位置。

3. 同样，你可以突然停下来等它回到你的身边。

4. 下面这个方法也很管用：如果小奶狗在你的左侧行走，你就向右侧转圈走；如果小奶狗在你的右侧走，你就向左侧转圈走。这样，当它要超过你时，你总能“抓住”内侧的快车道。

5. 用短一点的绳子牵着小奶狗，就是不让它到处嗅探，即使等它长大以后也不要让它到处做记号。这样你的小奶狗就很容易理解，它的脑袋只能保持在你大腿的高度，不能过高也不能过低，如此便从一开始就避免了麻烦。只有在使用长的绳子或让它自由奔跑时才允许它嗅探。

通常，变换这些措施能带来不错的效果，前提是你必须训练、训练、再训练，并且要贯穿在你的全部日常生活中。当你正推着一辆婴儿车时，你可以用比较宽松的绳子牵着小奶狗走。重要的是，你得与小奶狗进行（开始时最好车里没有孩子）针对性的训练。加油，不要气馁。

无论是向左还是向右引导小奶狗，都必须取决于你的决定。如果你想让小奶狗通过导盲犬考试或类似的考试，应该让小奶狗走在左侧。因为在官方测试中，只要不出现特殊情况，狗狗必须走在人的左侧。

先短，后长

在开始遛狗时，你首先得用短的绳子拴住你的小奶狗走上几分钟，然后你可以换一根长一点的绳子，最后才可以把绳子解开，让它自由行走。通过这样的训练，你就给小奶狗画出了一条界线，它必须跟在你的后面。如果你要是让小奶狗刚从家里出来或从车上下来就放任自由地随便跑，那么就等于告诉它：“你是老板，你定目标！我在后面追你。”

毯子！狗箱！小篮子！

“毯子”这个信号是要让小奶狗去一个固定的能让每个人都能看得见的地方：趴到毛毯上去并待在那里，直到我叫它。这是一个简单而明确的命令，不需要它做任何事情，不需要关注，也不需要检查。简单吧！

训练的目的

现在，第一个基础训练科目“等待”已见成效了，与后面要讲的“停放”信号相反，小奶狗现在应该学习直接趴在它的毯子上（或它的箱子里、篮子里）并留在那儿，直到它获得下一个信号。这有几个好处：例如，当你期待许多孩子来访，或者你想要清理或者打扫房间时，你可以摆脱小奶狗的纠缠。如果你期待一位客人来访，而这位客人又非常怕狗，当这位客人知道你的小奶狗不会从毯子上走出来时，他就不会感到那么紧张。在做这项训练科目时，你的小奶狗是趴在它的毯子上，还是坐着或是站着都没关系。它只要不离开毯子的区域就行。

训练的步骤

1. 你可以在食物的帮助下，把小奶狗引到那儿去，让它觉得那儿有美味的食品。当它趴在毯子上时，你应该奖励它。
2. 你站在两步距离之外看着它，手里拿着它能见到的食物，这样它从一开始就很容易被你吸引。
3. 现在，你用另一只没有食物的手做一个张开的手势，并微笑点头，让它进入毛毯。
4. 如果小奶狗朝毛毯走去，你可以口头表扬它。起初你也可以用一个清晰的手势来帮助它，让它朝着毛毯走去。在毯子上，你应该再次奖励你的小奶狗。
5. 或者，你在毯子上放一些食物等着它。你也可以回到它身边，把它引导到毛毯上。
6. 现在，无论你走到哪里，就把毯子带到哪里，如桌子旁或厨房里。
7. 把小奶狗引到它的毯子上去（最简单的方法就是用语言发出“毯子”的信号）并给它一个美味的骨头或类似的东西作为奖励。

如果不能立即见效，该怎么办

如果小奶狗咬着骨头，想要离开它的毯子，你必须以一种轻松但坚定的方式拿走骨头，并将它放回毯子上。等小奶狗回到毯子上时，它可以再次得到它想要的骨头。很快，它就会知道，如果想平静地啃骨头，它就必须留在毯子上。在家时，或许它喜欢接近你，这时你就要阻止它站着啃骨头，因为它可能会跟着你走。慢慢地，你可以逐步增加你与毛毯之间的距离。

金毛猎犬

停放

哦，是的，这个训练项目也与“等待”有关。你希望小奶狗有一个怎样的生活？在你离开时，小奶狗是否愿意轻松地让你拴在固定的位置上，它会不会埋怨你，或者直接将绳子咬断。

训练的目的

如果小奶狗可以被束缚，像停放一辆车子那样，被“停放”在某个地方，而且它能轻松地等着你回来，这对于所有的狗狗的主人来说都是非常实用的。这个项目的应用领域是多方面的：例如，你想在幼儿园老师那儿询问有关你孩子问题的时候，小奶狗是不允许进去的；你想飞快地去烘焙坊买个面包，而小奶狗能否在不伤人害己的情况下“停放”在某个地方。通过这样的训练，你能确认小奶狗什么事都不会发生——当然你也不希望在收银台边遇见你那只兴高采烈的小奶狗，在它的嘴里含着被咬断的绳子。与“等待”相反，在“停放”这个训练项目中，你的小奶狗是用绳子拴住的（修改变量1：固定拴住）。这项训练的另一个目的：不仅是让你的小奶狗等待片刻，比如要等到孩子穿好鞋子才能前往公园，而且还必须让小奶狗在没有你的情况下等更长一点的时间（修改变量2：时间）。

总的来说，你必须注意周围的环境，在没有你监护的情况下，你的小奶狗是不是足够安全？会不会突然出现其他狗狗或孩子与你的小奶狗打招呼或抚摸它，你的小奶狗经受得住吗？

训练的步骤

用绳子将小奶狗拴在一个柱子、栅栏或类似的物体上，现在开始做“等待”项目的训练，你要和它保持一定的距离：

1. 在你的手里或口袋里放上它喜欢吃的东西，比如饼干。你往后退一大步，不要让小奶狗跟着你。你可以采取直立的姿势，向前张开你的手掌，同时向它发出“停，留在原地”的信号。
2. 如果它很乖并使劲地摇着尾巴，不哀鸣也不叫唤，你可以立即走回

去，给它一块饼干或者轻轻地抚慰它，让它保持平静（不过对于小奶狗来说，只是抚慰效果可能并不好）。接下来，不断重复这一过程。

3. 多做几次，并慢慢加大距离。这期间你也要保持平静，不能要求过高。通过训练，你能知道小奶狗可以忍受的距离究竟有多远。
4. 这项训练的基本目标是让小奶狗保持冷静。在离小奶狗还有几步远的时候，你可以加入“停，不要动”的口头信号。
5. 如果训练得很好，你可以在拐角处暂时消失一下，让它看不到你。通过这种训练方式，你可以用绳子将它拴在一个固定的地方，如此你便有时间去趟洗手间或在面包店里购买一个面包了。

如果不能立即见效，该怎么办

如果小奶狗在做这项训练时有困难，可能是因为它没有睡醒（我们可以在散步结束时训练，也许那儿有一个很棒的围栏），也可能是距离过远，或者你离开小奶狗的时间过长。尤其是我们在一个新的环境中进行训练时，后者是一个重点。因此，你首先要让小奶狗熟悉一下周围的环境，然后再开始训练。你要与它保持密切的沟通，在这之前你还可以让它先练习一下“等待”。

可以独处

如果你能向小奶狗提供全方位的照顾，那是最好不过的了。但是，对它来说要学会“独处”也很重要。顺便问一下，你的小奶狗学会“独处”了吗？

训练的目的

家庭生活千变万化。在某些情况下，你应该保护小奶狗，使它不会感觉到压力太大。而有些地方，出于各种原因禁止小奶狗入内，比如你想和你的孩子一起去室外游泳池游泳，或是去参观博物馆，或是去一个小朋友家参加生日聚会，不管是现在还是将来，

通常都不能携带你的小奶狗。如果它能学会独自待在家里好几个小时，那就没问题。如果不行，你就要训练你的小奶狗了，因为未经训练的幼犬是很难做到这一点的。在小奶狗成年之前，我们必须对它有这样的特殊要求，让它不再有分离的恐惧。这个训练项目你应该从家规中有所了解。

训练的步骤

“独处”这个训练项目也可以在外面散步时进行：

1. 在公园里找一张长椅，用绳子将你的小奶狗拴在离你有一点距离的地方。你要让它知道，它不可能一直待在你的身旁。
2. 你可以再等一会儿，让它放轻松下来以后，再继续散步。

⊙ 在家里训练

……使用关狗的箱子：

1. 把小奶狗放在狗箱里，关上门。
2. 你可以去隔壁房间，也可以去倒垃圾，或者在浴室里照照镜子。也就是说，你要暂时离开一会儿。如果它看不见你就开始吠叫和发牢骚，千万不要理它，保持你的定力，想想美好的事情！
3. 当小奶狗安静下来，并且不再烦躁时，你可以回到它的箱子旁，打开箱子的门。
4. 注意，这时你不要太关注它。它很快就会知道，只要它保持平静且

不闹腾，你很快就会回来，并且会“解放”它。

……不使用关狗的箱子：

对于这项训练，你也可以不用把小奶狗关在狗箱里进行。比如，你可以关闭浴室的门或花园的大门。就像在公园的长椅边训练一样，小奶狗在短时间内将无法走到你的身边。当它平静下来时，浴室的门或花园的大门才会被再次打开。

如果不能立即见效，该怎么办

在你让它“独处”一小段时间之前，请给它一个像食物一样的玩具，让它“有事”可做。当你回来时，去找它，并通过温柔的爱抚给予它一定的关注。如果它不安静的话，你要保持定力，不要回到它身边。我想，很快它就会理解这个原则——保持平静！

但是，如果你的小奶狗属于“破坏型”性格，即使你只是暂时离开，也建议你使用狗箱进行第一次训练！

过来！

与自由奔跑的小奶狗一起享受户外活动的确是个不错的选择，但是在散步的过程中，小奶狗很容易被那些有趣的感官刺激分散注意力。

训练的目的

如果允许它们自由地撒欢，对于小奶狗来说是件非常开心的事。与小奶狗一起散步，对于我们来说也能放松一下自己。每个人都可以按照自己的节奏或快或慢地前行，你无须用绳子拴住它，它也可以含上一根树枝或者去游泳。此时，你可以腾出手来照料孩子或干别的事情。为了让你能顺利地召回小奶狗，让它不被别的狗狗、野生动物、树叶以及物品吸引过去，请从现在就开始训练它，让它自由地奔跑吧！

训练的步骤

你的小奶狗必须学会接受你的口头信号“过来”，当你叫它时，它必须立即回过头来，走到你的身边坐下来。

1. 用一根长绳子（拖绳）拴住小奶狗，像往常一样把它拴在你身边。

2. 现在，你可以让它在花园里走一会儿。

3. 当你觉得时间到了，你可以叫它的名字，并带上“过来”的信号，让它回到你身边。

4. 你可以向后跑几米，用绳子轻轻地提醒一下它。

5. 伸出你那只拿着奖励食物的手，再给它发一个“过来”的信号。

6. 当它回到你身边时，你可以蹲下来，使你正好处在它鼻子的高度，用手按住它，不用口头命令它坐下来，然后给它一个奖励食物。

7. 让它走得远一点，再重新训练一下。

8. 寻找一个可以让它分心的物品（比如，摆动的树叶、邻居、别的狗狗……），每次你都需要用一根长绳子将它拴在身边。

如果不能立即见效，该怎么办

这世界有太多需要发现的东西，而善用鼻子的动物——我们的小奶狗在大自然中会经历超乎感官的巨大诱惑。让你的小奶狗先去探索一下附近的区域，如果它在某种程度上已经有了兴趣，那就可以开始训练了，当然还要检查一下你奖品的质量。你家小奶狗会不会去跟踪野生动物的踪迹，而不愿回到你的身边？那么，我建议你扔给它一个玩具（狩猎游戏），而无须提供食物作为奖励。你也可以找一只成年犬给它做榜样，你的小奶狗很快会知道，只要它关注你，并快速回到你的身边，它就会得到奖励！接下来，“坐”还是个问题吗？如果你家小奶狗的注意力范围比原计划更短，这没关系！当你的小奶狗满心欢喜地朝你跑来时，你可以迎上去接受它的热情。把你拿着美味食品的手放低一点，喂它一系列零食，仅仅是为了奖励它的回来。很快，它的注意力范围将迅速扩大。在“过来”的信号背景下，“坐”就不会成问题。散步时，路过的自行车，正在慢跑的人……这个训练都很实用。

还是太小了……

与幼犬相比，小奶狗更加依赖它的照料者。它的视野还不够远，依赖性也更大。非常单纯：它个子小，它甚至看不到广场另一端的狗狗，并且也没有太多的经验。

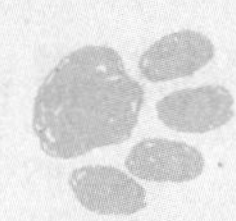

这一点呢?

跟我说说!

允许你的小奶狗表达自己的想法，以防发生意外情况。允许它微微地低吼，你可以把它赶到它的窝里去，而千万不要禁止它与人交流。因为一只平时默不作声的小奶狗，一旦咬起人来是很厉害的。

正如上面所说，兄弟姐妹间彼此相爱，又会相互争吵。当你的小奶狗撕咬时，并不会出现太严重的问题，但我们还是要时刻关注整体情况并保持公平。下次你会反应更快，一切都会更好。

撒尿

小奶狗最喜欢在松软的地上撒尿，因为那里对它而言有着神奇般的吸引力，它也经常会在幼儿身上撒尿。你应该明确地告诉它，不可以随

地大小便。它的狗窝和地毯更是禁忌之地。小奶狗的鼻子非常灵敏，如果你不想让它下一次还在同一个地方大小便的话，在处理它的粪便时请使用那种既能清洗又能中和气味的清洁剂。在选择清洁产品时，一定要小心，确保购买安全的产品。

袜子上的洞……及其他服饰

相信很多狗狗的主人都遇到过类似的事情。有一天，我们家的这只小宝贝欢快地从我面前跑过去。“天哪，这不是我的那张50欧元的钱吗？”其实，我们家已经非常注意了，很多东西小奶狗无法够着。好吧，那是我的失误！在我将衣物分门别类好，准备拿去清洗时，匆忙中随手将钱放在了椅子上。之后，我们做了快速交易：它高兴地得到了骨头，而我也将这50欧元妥善地放进了我的钱包。很多时候，我们会在不经意间将穿过的袜子、衣服（尤其是放过小奶狗食品的衣服）或其他一些物品随手乱扔，而这些恰恰会成为小奶狗的“猎物”。

孩子突然害怕小奶狗

孩子突然害怕小奶狗，通常是因为如下原因：它对你的孩子太热情了，它突然间变得像大丹犬一样高大，它可能咬到孩子的手了。这时，你一定要对它进行训练，尤其是冲动控制训练。在训练时，最好让你的孩子也站在边上学习。如果它在进食时一直表现得很亢奋，请把带有手柄的食盆交到孩子手里，这样他的手能远离小奶狗的牙齿。你站在孩子身边，让他把食盆放在地板上，而你要做的就是挡住小奶狗不让它进食，直到它平静下来。你也可以用绳子将小奶狗拴住，做类似于“停

放”的练习。告诉你的孩子，小奶狗只能排在他的后面，处在第二位。

大家一起去游乐场？

当全家人去游乐场玩时，孩子们通常会自己去找喜欢的游乐设施玩耍，而许多小奶狗却喜欢在沙坑中来回翻滚，因为这么做能让它们放松下来。但大多数父母却对此感到不安，而这也是他们一看到狗就会大叫“我的天哪”的原因，对此我表示非常理解，因为这确实让人感觉不舒服。根据我训练小奶狗的经验来看，每个人都希望自己拥有一个表现良好的四条腿的朋友。

因此，在和孩子一起去游乐场时，请对你的孩子说“狗狗不可以跟着一起去玩”。当孩子独自去玩耍时，你便可以利用这段时间训练它了。当然，你也可以问问其他父母是否介意狗狗做“趴着，别动”以及“坐下”或“趴下”的训练。相信他们中很少有人会对此持反对态度。用不了多久，你就可以陪孩子玩荡秋千了。如果你的小奶狗开始变得焦躁不安，那它一定是玩累了。要是你的孩子没什么意见的话，请马上回家吧！

误食圣诞老人巧克力……

这是很愚蠢的事情。因为巧克力对于小奶狗来说真的很危险，有时可能是致命的。这取决于巧克力的数量和类型（可可含量越高，对小奶狗的危害也就越大）以及小奶狗的体型大小及年龄。如果你的小奶狗真的吞噬了整块圣诞老人巧克力，请尽快去看兽医，以确保狗狗的安全。如果它吞下了缝衣针或类似的物体，在紧急的情况下先给它吃下一大份酸菜，这能引起轻快的胃肠蠕动。因为缝衣针等会被酸菜的纤维牢牢缠住，从而不至于伤害狗狗的胃肠道。为了安全起见，请带着它及时就医。

访客害怕小奶狗

如果你家经常有客来访，而这些客人害怕小奶狗，请尽可能让他们参与幼犬的训练。虽然他们以后依旧会害怕狗狗，但绝对不会害怕你家的小奶狗，因为他们在它很小的时候就认识它了，还参与了它的成长。

要强化训练狗狗说“请”，这样它就不会随意跳跃。当你用绳子拴住它时，你的客人会感到更安全，也更敢于走动。一个轻松自在的客人可以很好地“教导”它，每位客人都有各自的特点——如果它开始表现得很奇怪（吠叫、咆哮……），那么请把它关进狗箱或带它到其他房间去，以避免发生不可控的状况。训练它独处的能力，在这时就能派上用场了。

哦，是的，我们要骑自行车去郊游……

你当然可以带着你的小奶狗去郊游，你还可以让它跟着你的自行车跑，但是你必须记住：骑行的速度要慢，而且每次只能持续几分钟。因为跟随自行车去郊游对于一只小奶狗或是幼犬来说太剧烈了，它的骨头、韧带和肌腱都还不够成熟。不过，你也不必因此而放弃这种有意思的家庭娱乐活动。现在市面上有很多非常棒的小奶狗拖车，你只需将拖车挂在你的自行车旁，然后再将狗箱子放在拖车上面。这时，你应该奖励它能乖乖地坐好。接着，你必须小心骑车，请你的家人跟在后面照看好它。很快，小奶狗就会习惯这个居所。开始时，你可以和它先来一段短途旅行。别忘了，就像你的孩子一样，小奶狗也需要水和食

物。同时，你还要时不时地把它放出来溜达一下，和它一起去探索周围的世界。

小奶狗把绳子咬断了

经典之作：你出去了很久，你的小奶狗感到很无聊，或许也是绳子上的污垢味道美味极了，所以它开始咀嚼绳子，并把它咬断了。处罚它没有太大的意义，你只需购买一根新的绳子或者把咬断的绳子再接起来就好了。不过，请注意：如果它已经发现咀嚼的“乐趣”，那就换一根更牢固、抗咀嚼的绳子。

去幼儿园又要迟到了……

该死的，去幼儿园又要来不及了？如果在家里备有一副小奶狗的背带和一根可收缩的绳子，在紧急情况下是很有用的。你俩都不需要关注正确的牵引方法就可以走得很快。否则得话，为了不迟到，你必须把它夹在你的腋下，而这会让你感到筋疲力尽。不用担心，只要你曾经训练过它，它就一定可以顺从地跟着牵绳走。在紧张的日常生活中只有我们人类会感觉时间的紧缺，而许多例外很快就会变成习惯。但让我们感到惊奇的是，为什么很多时候反而是成年狗狗要我们一直牵着它们？

惩罚是必要的吗？

无论是训练狗狗，还是教育孩子，我们有时总会感到一筹莫展、束手无策。那么，现在我们该怎么办呢？

虽然经过了一次又一次的正面强化训练，但如果小奶狗或者孩子还是违反了既定的规则，那又该怎么办呢？这期间是否一定要展示“锤子悬挂的地方”呢？就像教育孩子一样，在教育小奶狗时，使用“禁忌”这把利剑往往会有不同的看法。虽然你的奖励制度很棒，你手里也拿着狗狗爱吃的美食，但它们却依然我行我素？当我们发出一个让小奶狗不愉快的命令后，这种刺激的作用又有多大呢？

在相互尊重和关爱的状态下，他们能够共同成长为可靠的伙伴。

现代训狗方式

在现代训狗的过程中，如果我们想要正确地引导它们，通常应该采用正面强化的方式。比如，当它向我们索取东西时，它应该坐下来。一旦它坐下来了，我们就会给它一些它认为有益的东西，比如食物、抚摸或解开拴着它的绳子。与此同时，我们也可以不理会它对我们的其他要求，比如它需要我们关注它，因而会呜呜低鸣、跳跃、叫唤、啃咬牵绳或舔我们的手（这当然不适用于咬人等行为），这就是负面惩罚的方式。如果小奶狗在尝试了各种方法之后，仍然得不到它想要的东西，它可能就不会再继续追着我们了，而我们也无法达到预期的目的。从生物学的角度来讲，这样的惩罚对小奶狗来说毫无意义。

现代训狗方式需要我们对小奶狗的奖惩有明确的清晰度和一致性。凡是符合我们需要的行为，我们就应该强化它。而当四条腿的家伙做出了不受欢迎的行为时，我们也绝不姑息。如果我们遵循了这些规则，我们的小奶狗就会变得很棒，而且它的学习速度也会让我们对它刮目相看。

不过，从我个人的经验来说，要想全面地安排好日常生活，并开展现代训狗教育是很困难的。因为你无法控制一切，无法三思而后行，也无法及时做出正确的反应，所以你只能尽力而为，也不要对出错的状况有过多的自责。下一次你可以采取不同的方式，就如同孩子的教育一样！

保持警惕

在选择方法时，你的想法很重要。互联网上充斥着各种关于如何做什么和何时做什么的讨论。不幸的是，只有部分内容比较客观，可以解决问题。你要保持警惕，千万不要被各种说法

不要给你的小奶狗施加痛苦，也不要过分地苛责它，以至于让它失去对你的信任。

搞晕了头脑，凡事都要问一下为什么，因为有些说法是自相矛盾、难以调和的。针对小奶狗的训练不是千篇一律的。有的方法对我和我的小奶狗很合适，却不一定适合我的邻居和他的狗。

我反对以前那种让小奶狗遭受痛苦和恐惧的过时训练方法。要求小奶狗完全服从并且拒绝小奶狗的任何要求，也是不对的。你只有尊重它，并在心理学的指导下进行训练，才能获得一个可靠的团队合作伙伴。与此同时，大家必须了解不良后果究竟意味着什么。其实，我们人类也会犯错，我们也会为自己寻找各种借口。但为什么犯错的时候，我们却要求小奶狗来承担后果呢？过时的错误惩罚会对小奶狗造成很大的伤害，而要治愈这种伤害往往需要很长的时间。事实证明：恐吓和你的支配地位必然会导致小奶狗改变行为。但是，这种学习的效果几乎为零。正面惩罚很容易使狗狗陷入恐惧状态，而要让它重拾自信却需要一定的时间。反过来，过多的负面强化也会使小奶狗处于兴奋的状态，以至于它根本找不到“摆脱”负面刺激的解决方法。其结果就是，它无法了解它的什么行为才是我们人类所期望的。所以，我们不妨换一种方式，用更加友好的方式来赢得它的信任。特别是，你能在狗狗的早期阶段就设置好正确的课程。

在实践中这对你意味着什么？

当小奶狗违反规则时，应该采取怎样的措施呢？有时教练也很难

给出正确的建议，尤其是用白纸黑字写下来的方法。我们的这些教练之所以强调避免犯错很重要的原因之一，就是在具体实践中实施“惩罚”远比想象中的要难。我们的所思所想不可能与小奶狗一样，因为我们是人。在狗狗的行为矫正中，要特别注意以下三点：

1. 正确的时机

例如，许多狗狗的主人在回到家后发现厨房的垃圾桶被翻得乱七八糟，这时他们会很生气。不过，此时的惩罚（也就是要纠正小奶狗的行为）已经太晚了。为了安抚心情不好的主人，小奶狗通常会做出我们人类认为有罪的面部表情。在这种情况下，小奶狗只知道家里的主人生气了。由于它不知道主人什么时候会爆发，所以在这段时间里它会乖乖地待在自己的笼子里。只有当它确定主人的心情好点了，它才会出来问候他。小奶狗是绝不会把主人的心情不好与垃圾桶联系在一起的——因为它早就把这件事情忘记了，毕竟对它来说，时间已经过去太久了。

2. 惩罚的强度

如果你想在小奶狗违反规则时采取相应的行动，那么你就必须表现出与惩罚强度相同的表情，好让你的小奶狗明白它确实做错了。大多数主人在惩罚狗狗时会表现得很小心，而它也可能会立即做出反应，但是没一会儿工夫，它便会忽略你那“温柔”的表情。之后，主人们的训斥语气变得越来越重，也许开始时小奶狗还能感受到训斥的刺激作用，所以在短时间内它们接受了。但由于训斥的刺激作用是慢慢减弱的，它们的免疫力却随之在慢慢提高，也许以后它们就不会再认真地对待自己的主人了。

3. 后果

每当小奶狗做出不当的行为时，你都必须立即纠正它。回到刚才的例子，当你的小奶狗在翻垃圾箱时，你必须立刻抓住它——在正确的时刻（时间）以正确的态度（强度）。

我并不是说不允许你粗暴地对待小奶狗。根据我的经验，在大多数情况下，你会很快达到你的目的，只要你认为这是你不喜欢的事情。你能看到，让小奶狗知道它不该做什么事情其实是很容易的，所需要的只是你的创造力和简单的学习规则的能力，这适用于世界上的任何一种生物。

一条重要的规则是：狗就是狗！当它不守规矩时，取消它的特权，限制它的自由，从而限制它的选择权。它完全能够承受严厉的训话，它也无法回避。通过这些惩罚，你可以让它有机会更快地展现你眼中的正确行为。一旦你的小奶狗做出正确的行为，请奖励它。当家庭中的任何一个成员违反了一个或多个规则时，他就得承受相应的后果。而最快速有效的方式就是取消特权，而不是鞭打或投掷物体。

尹博士的布朗尼臀部脂肪理论

还有一个问题是，短期的现实对你的小奶狗有着巨大的诱惑力，以至于它宁可冒着后期被惩罚的风险，也要顶风作案。对于这种情况，我们自己难道不熟悉吗？这块甜点实在是太美味了，虽然我们知道其中的每一克热量最后都会堆积在我们的臀部上，可我们还是抵挡不住它的诱惑。不过，如果每吃一口立即就能体现在臀部上，估计很少有人会继续忽视这一事实吧！

抬起手臂！

一旦你抬起手臂，你的小奶狗就会坐下来。这是不是很酷？要知道，这个技能可是非常实用的！

谁？我？

为什么要做这个练习？

当小奶狗骚扰你时，你该怎么做？当然，这取决于你的年龄。如果你年纪还小，我建议你将手臂自然抬高。在这样的情况下，你的小奶狗坐下了，你的手臂好像魔法棒一样，是不是很酷？听上去很不错，是吗？

你需要些什么呢？

在做这项练习时，你需要很多好吃的食物，你的小奶狗也应该知道如何说“请”了。

我们来试试

1. 你手里拿几块食物，不要太多，以免食物从指缝中掉出来。即使你此时手里只有一块食物也没关系。你可以让它看看，你的手里有奖

励它的食物。

2. 小奶狗会立刻坐下来说“请”，然后它想要你手里的奖品。

3. 如果小奶狗静静地坐下来了，那就太好了，马上奖励它一块食物。反复练习10次后，小奶狗就知道了，要想获得食物，唯一的方法就是坐到你面前。

4. 一旦这个练习成功了，你就可以进行下一步了：你可以教它，当你抬起手时，它应该坐下来。

5. 向小奶狗展示你手中的奖品，并抬起你的手臂。

6. 小奶狗知道，它只有在坐下来时才能得到食物，所以它肯定会继续这样做。毕竟，它先前因此获得了10次的奖励。

成功了吗?

请立即奖赏这个小家伙吧！这个练习要做20次。然后，换一个地方，在走廊里、门旁、花园里，反复练习。在成人的帮助下（用绳子将小奶狗拴住），你也可以在马路边、幼儿园门口等地方练习。

让你的朋友一起来吧

多准备一些食物，让所有在未来几个星期即将来做客的孩子们都来做这个练习。当小奶狗来到某个人面前时，他必须举起手臂。如果小奶狗坐下来了，它就能从你朋友那儿得到美味的食物。

如果不能立即见效，该怎么办

请设身处地地想一想，在某些时候，学习对你来说很容易，但对有些人而言却很难。你的小奶狗也同样如此。为了达到目的，最快捷的方式就是保持冷静和耐心，即使小奶狗开始胡乱动作。毕竟，这不是一件容易的事情……

给父母的提示

孩子们和小奶狗在一起是一幅非常美妙的景象。为了保持住这种状态，应该让孩子们和小奶狗一起玩耍、做练习，或者出去散步。小奶狗会在孩子的陪伴下健康地成长的！

四角游戏！

当你一坐下，你的小奶狗便趴下了！嘿，这听上去又像是个魔术……

为什么要做这个练习？

你想平静地在桌子上画画，但你的小奶狗会给你添麻烦吗？！从现在开始，让这种情况见鬼去吧！因为在你的帮助下，你的四条腿朋友知道，一旦你坐在椅子上，它就应该趴下来。这是非常实用的，也是为了将来着想：你的小奶狗最终会长大，根据品种的不同，它甚至坐着都比你高。对此，也许你不会介意，但你的朋友们可能就会感到焦躁不安了。这个练习并不难，只要你的小奶狗能听懂“趴下”的命令就行了。

你需要些什么？

低矮的椅子或凳子和很多的食物。

我们来试试

1. 这个过程类似于第一个“抬起手臂”的练习！

2. 你手里拿了一些食物后，最好立刻在椅子上坐下来。你的四条腿朋友应该站在或坐在你面前，最好是用绳子拴住。你不需要把它拉到你身边，毕竟你手里拿着美味的食物。
3. 给你的小奶狗发出一个“趴下”的命令。而一旦它趴下了，就可以奖赏它。
4. 请注意，在你给你的小奶狗奖赏时，要确保它一直是趴着的状态。不然的话，它就像一个半蹲着的哥们。这看起来很有趣，但实际上却让人很难受。
5. 为了让你的小奶狗真正理解这个“魔术”，现在你可以发出一个“好了”的结束命令让它站起来，然后你带着它在房间里走几步。接着，你直接走到椅子边坐下来，同时发出一个“趴下”的命令。
6. 小奶狗趴下来了吗？
太棒了，这时它确实应该得到奖赏了。

成功了吗？

你的四条腿朋友当然非常聪明，它能迅速察言观色，一旦你坐下来，它会立即听从你的命令，趴

下来。毕竟，它马上就能得到它的奖赏。

你是否意识到，不久之后你什么也不需要说，一旦你坐下来，“扑通”一声，你的小奶狗已经趴下来了！你们俩练习的次数越多，它的反应就越快，毕竟它早就知道了你的伎俩。你真棒！干得不错哦！

让你的朋友一起来吧

你不仅要经常和它做这个练习，而且还要让你的朋友们也一起来做这个练习。现在可以来玩四角游戏了，你们四个人各坐一个角，把小奶狗放在中间！游戏肯定会进行得非常快。

如果不能立即见效，该怎么办

你的小奶狗是否不想趴下，或者它不理解你坐在椅子上究竟想表达什么意思？如果你的狗不想趴下，那么首先请你的父母跟它练习一下！你坐在椅子上，让它在你旁边坐下，见效了吗？太好了！现在你坐下来，给你的小奶狗发一个“趴下”的命令。你的父母亲可以拿着食物在一旁辅助你。一旦它趴下了，你就用另外的食物奖赏它。你做得真棒！先在父母的帮助下练习，相信用不了多久你们俩就可以独立完成了！

这太神奇了！

这个练习具有魔术般的效果：在你没有碰到小奶狗的情况下，它会向后退缩。

为什么要做这个练习？

当你的小奶狗骚扰你时，你想让它退缩吗？当然！通过这个练习，你可以轻松地做到这一点：当你向前伸出一只手时，仿佛施了魔法一般，小奶狗就向后退了几步。只要它还小，这个方法就很实用，将来你也有可能以这种方式让它远离你或和你保持一定的距离。

你需要些什么？

这里，你还是需要美食。

我们来试试

1. 你手里拿了一些食物后，就可以开始训练了。在这个练习中，你可以两只手都拿一些食物。你和小奶狗最好是面对面待着。
2. 把你的双手放到它的嘴边，引导它往后退。注意，不要碰到它。只要它往后退了一步，甚至只是身体往后仰，身体的重心移到了后面

就足够了。

3. 立即给它一连串的食物作为奖励。

4. 有时你需要做一些练习才能引导小家伙向后退，因为它可能会被自己的后腿绊住。记住，熟能生巧！你一定会成功的。

5. 一旦它向后退了两三步，你就可以引入手势信号。为了简单起见，你可以一只手拿食物，另一只手往前伸，给它一个“停止”的信号，而拿食物的手应尽可能往回缩，放至你的胸口。

6. 现在，在你发出手势信号的同时向前迈一步，而让它往后退。有时，这可能不会立即起作用。此时的它必须认真思考，并注意你发出手势的手，而不是拿食物的手。只要你有足够的耐心，一定会成功的！

成功了吗？

一旦你的小奶狗退了一步甚至半步，它应该立即得到你的奖赏。现在，你可以将它后退的步数逐渐增加到三步。

如果这个练习做得很好，并且你们俩仍然有精力，那么你可以提高难度：尝试稍微向前移动你的身体重心，并伸出你的手，发出“停止”信号。你的小奶狗会自动后退吗？太棒了！

你们是一个伟大的团队，请继续练习吧！

让你的朋友一起来吧

当你和你的小奶狗把这个练习做得很好了以后，可以请你的朋友一起来参与对小奶狗的训练，这很棒。当然不是让所有的朋友一块儿来，也不是连续练习很长时间，而是要循序渐进……

如果不能立即见效，该怎么办

你的小奶狗很迟钝，它不明白你的指令是让它往后退，该怎么办？没关系，我们马上来为你解决。试试这个诀窍吧：把它带到一个小土坡上，你站在最上面，它站在中间，现在你要引导它向后退，可能对它来说就更容易一些。因为往上要比往下更累一些，这个练习你可以多做几次。如果在家做这个练习的话，我再告诉你一个小秘密：用椅子搭一条“小路”，它的宽度刚好够一个人通过。这同样能帮助你的小奶狗理解，你究竟想让它做什么。

来吧，来吧！

同一只小奶狗一起玩，一定是件非常开心的事。但是，如果有一天，你的小奶狗发现一个非常有趣的东西，而你却对它一点都不感兴趣时，你该怎么办呢？我想接下来的这个练习可以帮到你。

为什么要做这个练习？

如果你的小奶狗正在做一件你认为非常愚蠢的事情，比如它咬住了你最喜欢的玩具，而且正想神不知鬼不觉地偷偷溜走。你该怎么做才能让它明白，它应该立即把这个玩具放下来？这时你必须知道，粗暴地抢夺和大喊大叫都不管用。

在这里，和它练习“来吧，来吧”是很有用的。由此，你也可以让它明白，它的界线在哪里。

你需要些什么？

你的任何玩具对于你的小奶狗来说都属于禁忌范围。当然，这里还是需要一些美食。

我们来试试

1. 最好的办法是首先看看你妈妈是如何与你的小奶狗一起进行“禁忌”训练的。
2. 现在，轮到你了！首先用绳子将小奶狗拴住，距离相对近一点。
3. 把几块食物或玩具放在地板上。
4. 如果小奶狗想冲上去抢夺它所感兴趣的物品时，请不用担心，因为你正用绳子牵着它呢，不会发生什么事的。
5. 现在你可以引诱它往你这儿来，而你此时可以往后退。

成功了吗?

小奶狗是否来找你了？超棒！现在，它确实应该得到巨大的回报。

你会看到：它对地上的玩具和食物会变得越来越没兴趣了。

如果这个练习做得很好，你现在都不用去引诱它，只要说“来吧，来吧”，我敢肯定，它一定会转过身来。是的，你现在应该再次慷慨地奖赏它了。

你可以用小奶狗一直感兴趣的东西来做这个练习，并在不同的地方反复练习。

如果不能立即见效，该怎么办

是不是没有成功？没关系，试试另一种方法：手里拿一把食物，并握紧拳头，然后把你的手放到小奶狗面前。

只要它试图去抢要食物（抓挠、乞讨、冲动、抱怨……）你就什么都不要做。你的手留在原地不要动。

如果小奶狗停了下来，比如当它看向别处或者坐下来时，你就可以打开你的手了。

现在，你的小奶狗获得了它的奖赏，而你应该立即说“来吧，来吧”。

给父母的建议

我认为重要的是，孩子们手中也应该有一个工具，他们可以向小奶狗表明，并不是所有事情都是被允许的。准确地说，对四条腿朋友的冲动控制是很有必要的。你的孩子可能会自创一个短语，这也许可以作为一个创意词汇。

禁忌训练的这种方式（即用手紧握食物）不适合非常小的孩子，也不适合比较敏感的孩子。因为有时小奶狗会变得很冲动，会一不小心伤着孩子。

把你的小奶狗拴住！

如果你在某个时段能把你的小奶狗在任意地点拴一会儿，而它仍然能保持平静，这就太棒了。这样的话，你就可以放开手脚自由活动一下了，比如去吃个冰淇淋！

为什么要做这个练习？

有时，你会“两手满满”而没法腾出一只手来牵小奶狗。如果你可以将小奶狗“停放”一会儿，而它也不至于起来反抗，这是不是很方便？此外，这也是一个非常好的练习，让年轻的小奶狗明白，虽然它和你一起玩的时候很开心，但它不能总黏着你。

你需要些什么？

在这个练习中，你需要食物、一根绳子和一个能拴住小奶狗的柱子。

给父母的建议

如果训练效果良好，你的孩子还可以做一个更难的训练：像上面所讲的那样，将小奶狗拴住，让孩子绕过拐角，前提是不要让小奶狗看见。通过这种方式，小奶狗知道你的孩子躲在花园的某个地方，不久就会回来，也许还能从屋子里拿出一些好吃的东西来。

我们来试试

1. 用绳子和项圈套住你的小奶狗，并把它拴在你家花园围栏的柱子上。请注意：你无论如何要把它拴在一个牢固的物体上，而不是那种被它一拉就会倒的物体上。别看你家的小奶狗个子不高，却有着熊一般的力气。至于它是坐着、站着，还是趴着，都没关系。

2. 你一只手中抓一把美食，然后握紧拳头，往后退一步，小奶狗因为绳子拴着而无法跟随你。尽可能让自己显得高大（直立的姿势）向前伸出另一只手，并张开手掌。这是你在向它发出“停止，留在原地”的信号。

3. 如果它很乖，并且也没有坐立不安、呜咽或吠叫，你可以走回去，奖励它一番。

4. 然后便是反复练习。

5. 接着，你还可以一步步地延长距离。这个练习的目的就是要让小奶狗保持平静。

如果不能立即见效，该怎么办

如果不起作用，那么就用最能让你家小奶狗兴奋的狗饼干来试一试。

熟能生巧

你的小奶狗学会“毯子”这个信号了吗？太好了！但如果现在你在旅途中，你就可以教你的小奶狗待在你的背包或衣服上。

为什么要做这个练习？

虽然你能通过练习，将你的小奶狗拴在一根柱子上待一会儿，但如果周围没有能拴小奶狗的柱子，该怎么办呢？最简单的方法就是让它躺在你的衣服或背包上，并留在那里不动，直到你再次腾出手来。它会发现你的衣服很棒，因为它能闻到你的气味！

你需要些什么？

在这个练习中，你需要食物、一根绳子和你的衣服或（空）背包。

训练的步骤

1. 你可以在花园、附近的公园或树林中进行这项训练，最好周围不要有其他干扰的因素。
2. 用绳子把它拴好，把你的背包或衣服放在地上。
3. 考验你的时候到了：怎样用食物将它引诱到你的背包或衣服上（最好让你的妈妈向你解释一下，她是如何训练“毯子”这个信号的）。
4. 一旦它爬上你的背包，并趴了下来，它就应该得到一大把食物作为奖励（当然，必须按顺序来）。
5. 你慢慢地放下绳子，友好地看着它。
6. 给它一个“趴着”的信号，当它趴在你的背包（或衣服）上时，你得给它一些奖励。
7. 你站起来，而让小奶狗继续趴着。它听话吗？如果听话，你就可以大声宣布奖励仪式开始了。
8. 继续下一个步骤！就像上面的练习一样，现在你可以来回走动。如果小奶狗没有站起来，也没有呻吟，而是继续留在你的背包或是衣服上，那么它又可以得到奖励了！
9. 这其中有一个比较麻烦的问题，在你的练习中出现了两个变量：距离和时间。在训练过程中，每次只能改变其中的一个变量，每次只能增加10步的距离或者增加30秒的时间。

如果不能立即见效，该怎么办

如果你的小奶狗不能被引诱到背包或衣服上，那么每个中间的步骤你都应该进行奖励——当它的一个爪子踏上去时，用“耶”的一声来鼓励它一下；当它的两个爪子都踏上去时，就用“耶耶”来鼓励它。当你站起来，它也跟着一次次地站起来时，请不要放弃。你可以先坐到它面前，鼓励它一会儿，让它一直趴着。然后你坐到一把椅子上，做相同的练习。现在，你试着站起来看看。你要做的最后一件事情就是一次次地去掉一些东西。请注意，你们的周围不要有过多的干扰信息。开始时，你需要有极大的耐心来教它学习这项困难的练习。

给父母的建议

这个练习对孩子们来说有两个好处：第一，他们正在学习一些自己应该掌握的东西。也就是说，他们正在主动承担起对自己和对小奶狗的责任。你可以把小奶狗放到一个固定的地方，比如花园里，那儿没有你平时安放小奶狗的篮子和毯子。第二，这个练习在你们进行家庭大自然旅行时很有帮助，告诉它躺在小主人的衣服上，并留在那里。这比让它随意地待在某个地方更容易一些。如果效果好的话，你的孩子肯定会像得了奥斯卡奖一样感到无比自豪！

花盆寻宝游戏

这个游戏是考验你家的小奶狗的鼻子。它只能通过嗅闻的方法，找到你为它藏在花盆里的东西。

为什么要做这个练习?

一起玩耍，有助于增加你和你的小奶狗之间的相互了解。你可以选三个小花盆或类似的容器，将它们反扣过来，其中一个隐藏一些食物或是小奶狗的玩具。小奶狗必须依次嗅探这些花盆，并通过趴下或小心地用鼻子碰撞，以认定猎物隐藏的位置。

你需要些什么?

食物和三个陶瓷花盆。如果不用食物，你也可以用小奶狗最喜欢的玩具代替，但必须能被花盆全部罩住。黏土制成的花盆是最好的，因为小奶狗不能一下子就把它们掀翻。

我们开始吧

1. 将三个花盆倒扣着放在你的前面，花盆底部的小孔向上扣在地上。
2. 你可以选择你认为最合适的信号让你的小奶狗坐或趴在稍远的地方，也可以将小奶狗拴住或由另一个人拦着它。
3. 把食物（或玩具）隐藏在其中一个花盆底下。

给父母的建议

这个游戏应该允许你的孩子使用各种容器以及尽可能多的容器。你的小奶狗寻找奖品的容器越多，对它来说就越困难。不过在刚开始时，三到四个容器是比较合适的，你的孩子也不至于把自己搞糊涂了。我更喜欢使用较重的容器，这样小奶狗就不能轻易地将它们掀翻。不然的话，在它还没有找到正确的花盆之前，它已经学会了将所有的花盆掀翻（就如同打保龄球，来了个“全中”）而意外地找到它的奖品。由此，我想让小奶狗明白，它必须通过坐下或趴下才能得到奖品。如果你允许小奶狗掀翻容器，那么它就会以“全中”的方法和随后的混乱来奖励自己。

4. 一旦你认为已经把猎物藏好了，小奶狗的后背也像弓一样翘起时，你可以给它一个“搜索”或者“在哪里”的信号！这个命令怎么说都可以，但你以后必须一直保持这种说法。
5. 现在你的小奶狗可以冲过来探索花盆了。它可以通过花盆顶部的小孔或花盆底部的缝隙来嗅探猎物。
6. 如果它在花盆上抓挠或想推倒花盆，那么就说明它完全确定了训练的目的。这时，你要发出“趴下”的信号，也可以附加手势信号。
7. 如果它在下一秒就趴下了，那么你可以掀开花盆，让它获得奖励。

如果不能立即见效，该怎么办

如果小奶狗对你很热情，但它真的不知道你究竟想让它做什么时，你可以先去除一个花盆，让这个练习变得更容易一些，你也可以只用一个花盆。如果你的小奶狗不喜欢这个游戏，那你再想想还有没有更好的、能更吸引小奶狗的食物或玩具。

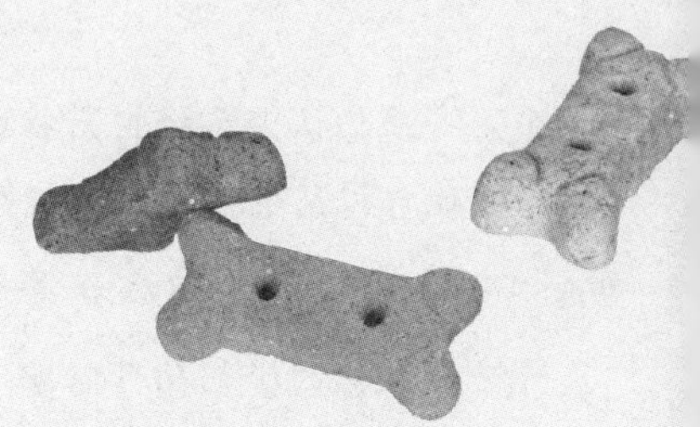

把爪子给我！

这个技巧看起来很棒，你可以轻松教会你的小奶狗。

为什么要做这个练习？

如果你想与你的小奶狗打交道，并要向你的朋友炫耀你教了它一个很棒的技巧，那么“把爪子给我”的游戏就很棒！顺便说一句，这个技巧也很实用，当小奶狗的前腿被绳子缠住时，你可以对它说“把爪子给我”，接着你就能帮它解开绳子了。

你需要些什么？

为此，你还是需要一些食物。

我们开始吧！

1. 当小奶狗坐在你面前时，这个练习最简单。
2. 你手里拿几块食物，并握紧你的手。
3. 你把这只手放在你家小奶狗的鼻子够不着

的地方。

4. 在欲望的驱使下，小奶狗会稍微抬起一只前爪以表示它的想法。

5. 太棒了！请你赶快说“把爪子给我”。此时，它应该获得奖励，并得到你手中的所有食物。

如果不能立即见效，该怎么办

虽然你超有耐心，你的小奶狗也充满热情，但是仍然没有效果，该怎么办？你可以挠挠它的爪子来提醒它。或者，你也可以把它的爪子抬起来。只要它的爪子能保持腾空，就应该奖励，奖励，再奖励！

给父母的建议

“把爪子给我”是一个很有趣的游戏，也可以作为儿童和小奶狗之间互相问候的仪式，还可以理解为“再见”和“你好”的意思。这里，它的两只爪子都可以进行训练了。当孩子们到达学校时，一只爪子表示告别；当孩子们回到家时，另一只爪子则代表问候。

在草丛中寻觅美食

无论是在室外还是在屋里，你都可以为你的小奶狗提供令人兴奋的食物踪迹，让它寻着踪迹找到食物。在室外，你甚至可以让它在一片茂密的草地里去寻找美食，这会让它感到紧张而刺激！

为什么要做这个练习？

为了能够更好地互相了解，你们俩必须共同合作来完成这个游戏。

你需要些什么？

确切地说，你需要很多的食物和一条拴狗的绳子。

让我们来试试

1. 用绳子拴住你的小奶狗，绳子可以稍短一些。
2. 要是它能坐在你身边会很棒，如果它想趴着也可以。
3. 你的一只手抓住绳子，另一只手抓一大把食物。

4. 发出“等待”信号的同时，牢牢抓住绳子，将你手中的食物尽可能抛到离你很远的地方。
5. 站住：现在还要等一段时间，它不能马上出发。大多数情况下，它会自动站起身来看食物的去向。你的小奶狗是这样吗？那么，请你发出“坐下”或者“趴下”的命令，让它恢复到起始状态。
6. 现在由你来做出决定：如

给父母的建议

我知道，在做这个游戏时，许多小奶狗的主人会拍着脑袋说：“哦，这样不行！以后我的小奶狗就会随意地捡食掉落在地上的食物了！”是的，在一定程度上确实会这样。但是我们机灵的小家伙也会知道：“我只能在听到命令后才能在地上寻找美味的食物。”

顺便说一句，在这样的练习中，它必须在释放之前要复习：（1）集中注意力；（2）耐心等待（冲动控制）。在孩子解开小奶狗绳子的钩扣之前，应该让它保持坐着或趴着的姿态，只要一秒钟就够了，然后再允许它飞奔而去，这将锻炼它的自我控制力和注意力。这里，你可以帮一下孩子，将你的手放在小奶狗的胸前拦住它。这就为“撒出去的食物”建立了一道障碍，以防止小奶狗在得到你孩子的允许之前就冲了出去。

果你的小奶狗表现得很平静，比如它仍然坐着或趴着，你可以解开拴它绳子的钩扣。

7. 发出“去搜索”的命令，放开你的小奶狗。那么，它能找到所有的食物吗？

如果不能立即见效，该怎么办

你是否觉得你实际上需要三只手，因为你在拉住小奶狗的同时，还要把食物抛到远处，这么做是有点困难的，最好请另一个人来帮助你。

捉迷藏

所有人必须躲起来！可以肯定的是，这个游戏不无聊。

为什么要做这个练习？

通过这个游戏可以拓展狗狗鼻子的探嗅功能。因为现在它必须找到你！这个鼻子探嗅游戏的目的就是训练它的专注力。它能了解到，只要它注意你去了哪里就能得到回报。这可以增强你们之间的联系，同时也很有趣。

你需要些什么？

这个游戏至少需要两个人，还需要很多小奶狗喜爱的食物和玩具，以及一条狗绳。

让我们来试试

1. 一个人的手中拿着小奶狗的玩具或几块食物。

2. 另一个人手里抓住拴着小奶狗的绳子，并让小奶狗嗅闻拿着玩具或食物的手。

3. 手里拿着食物或玩具的人迅速跑开，拐个弯，躲到花园的篱笆后面。

4. 是的，现在确实需要很大的力气，才能将这个小旋风紧紧地拽住。要不然的话，它早就逃脱了。

5. 小奶狗安静了吗？只有当逃跑者离开了小奶狗的视线后，才能放开它，并对它说一声“小保罗，去找安丽娜”。

6. 它会以闪电般的速度冲出去。当然，你不可以把答案告诉它！

7. 事实证明，小奶狗有一个超级棒的鼻子，用不了多久，它就能找到那双拿着食物的手。是的，它赢得了它的奖励！

8. 接下来，我们要做什么呢？是的，你答对了！换一个人，继续这个游戏吧！

给父母的建议

这个游戏有助于小奶狗与人建立起联系，因为小奶狗意识到不要让人从自己的视线中逃脱是有益的，否则他们会很快消失！这个游戏不仅可以在自家的花园里玩，还可以在公园或森林里玩。

让你的朋友一起来

当你的朋友来访时，做这个游戏也很棒。一个人用绳子牵着小奶狗，其他人则躲起来，但只有一个孩子的手里拿着食物或玩具。有趣的是：在躲起来的几个孩子中，小奶狗必须找到那个手里有食物或玩具的孩子。一旦它找到了，它就赢了游戏，欢乐和食物便可作为它的奖励。

如果不能立即见效，该怎么办

你的小奶狗不知所措，不知道要去做什么？没关系。你可以在接下来的游戏中，当逃跑者还在奔跑时就放开它。这时，它便知道逃跑者藏在哪里。如果它很胆怯，你可以在草地上放一些它的食物，类似于《森林历险记》中的情景。

森林、草地、小溪……

在共同面对各种挑战时，作为一个团队，你和你的小奶狗都很强大，并且都能获得胜利：你们一起跨越了最困难的障碍，这将有助于你们在未来的危急关头战胜各种困难。

为什么要做这个练习？

这个游戏意味着经历风险。是的，那太酷了！和你的小奶狗一起跨越倒在地上的树木，爬过巨石间的小缝隙，穿梭在大大小小的溪流之间。就像一个真正的探险家团队，你们会互相照顾，当前面的路途变得艰辛时，你们要互相鼓励，并把找到的“宝藏”带回家。

湿了？
一点也不湿！

你需要些什么？

基本上不需要什么，除了森林、草地、小溪……当然还有美味的食物。

让我们来试试

1. 如果经常带着你的小奶狗一起出去散步，那么就

只是为了好玩！

带着它去郊外探险吧！最好用绳子把它拴住，并在你的口袋里和手中放一些食物。

2. 让我们翻越一座小山，在倒下的树木和折断的树枝之间勇敢穿行。绕过一棵棵巨大的树木，踩过一堆堆柔软的树叶，沿着溪流勇往直前。在这里，你可以充分发挥你的想象力。

3. 如果你的年纪还小，在进行攀岩旅途中最好请人帮一下忙。切记，千万不要在旅途中受伤。

4. 你也可以在你家花园里为自己建造一条“勇敢者之路”。如果父母允许的话，你们的回旋通道可以环绕你家接雨水的大水桶，随后上升翻过花坛边上的大石块，在平放地面的木制楼梯上保持平衡，在沙沙作响的树叶堆上自信跨越……这里有很多很多的可能性（可以选一些适合腿部运动的项目）！是不是疯狂至极？！

5. 每当你的小奶狗犹豫不决时，请用最好的方法来鼓励它，用最美味的食物来吸引它。

6. 一切顺利，终于抵达了终点线：哇哦！和小奶狗一起尽情地庆祝吧！

让你的朋友一起来

当然，探险队不仅限于你俩，欢迎你带上一个或多个朋友一起来参加。但是，千万要小心，不要把你家的小奶狗弄丢了，因为在你面前的岩缝是如此惊险！

如果不能立即见效，该怎么办

很有可能你的小奶狗刚开始时不敢冒险穿过小溪或跨越树干，请耐心等待，过几天后再试一次。等它稍长大点以后，它一定会有更大的勇气。毕竟，团队是必须紧密地团结在一起的！

给父母的建议

对大脑中的神经网络结构以及对身体的运动技能进行有益的锻炼，对儿童及幼犬都有非常重要的意义，这种锻炼可以让他们了解自然界中不同的情景，让他们勇于攀登，勇于探索大自然。

提醒你的孩子，达到中期目标也是胜利。他们不必在一天之内百分之百完成所有任务，也可以在第二天或第三天去完成。

完全变了副模样？！

前几天你还拥有一只值得骄傲的小奶狗，它会做各种各样的事情，并给每个人留下了深刻的印象。然而今天早起后，你却突然不认识它了，它似乎变成了另外一只狗狗？这里，我要衷心地祝贺你：你的幼犬进入了青春期！

青春期的多方面生活……

根据狗狗的品种和大小，一般来说，你的四条腿朋友会在五个月大时突然变成一个怪物。这是因为它进入了最困难的成长过程，即青春期。在这段时间里，绝大部分东西对它来说发生了变化：它的身体和精神处于过山车的状态之中。一切都在成长，同时也都在变化。由于你家小奶狗的内心世界多与自身的成长有关，所以它更容易受到外界的刺激。当然，只有那些最亲近的人才能约束它。青春期的小奶狗似乎把什么东西都忘了：忘了它的名字，忘了所有的家规，忘了你教给它的所有命令信号。同时，它还觉得自己已经知道了世界上的一切，从现在起它可以独立了。所有当时决定饲养大型犬的人，从现在开始也要有个思想准备，你家小奶狗的变化不仅仅是它的年龄，更多的是它显著增加的体重。要是能从一开始就通过训练和制定明确的规则，做好准备，那估计会是另外一番景象。

……两条腿和四条腿的朋友

这听起来是不是很熟悉？是的，青春期少年通常的表现都很相似。处于青春期的幼犬在探索它的边界线，并对它认知的世界提出质疑。我认为这是一个好兆头，因为以前它们都是通过年长的护理人员来认知这个世界的，而由它自己去了解整个世界则更为重要。与此同时，通过身体和大脑的发育过程，青春期的意识也在为它的成长做准备。这些包括性成熟、韧带和肌腱的增强，以及承担责任和做出决定的能力等。在此期间，青少年的大脑经历了彻底的重组过程。出于这个原因，不仅处于青春期的幼犬，甚至那些处于青春期的少年都有可能在某些日子里很难或根本无法回忆起他们以前学过的东西。他们会从一个新的角度来看待整个世界。因此，如果处于青春期的少年经常感觉自己会不知所措或不伦不类，这一点都不奇怪。

坚持下去！

任何事情都有两面性。不仅对于青春期的少年，而且对于住在同一个屋檐下的其他人，这个阶段也会让所有人心力交瘁。但请不要放弃，继续成为海浪中的磐石。如此便能保持你内心的平静，总揽全局。令人欣慰的是，发育过程很乏味，但不会拖得太久！

在这个阶段，应尽可能避免进行新的、艰难的训练，最好就是专注于巩固学过的知识。对于处于青春期的狗狗来说，你只能按照它的能力来要求它。一只狗狗能否平稳地度过剧烈波动的青春期，这对你和它而言，都是严峻的考验。如果你当初领养的是一只大型犬，那么你就能立即察觉到它体重的急剧增长，这个阶段你应该允许它时不时地在沙发上趴一会儿。想一想，那些事我还做得不够好？我可以做些什么改变，以便下一次能做得更好？除了在体能上要有较好的减负以外，也应该允许它像电脑一样休眠一会儿。下面的方法也许可以帮到你，中断训练计划，列出最重要也是它所缺少的内容：让它接受边界线，并保持内心的平静和放松。这两点非常重要，只有这样它才会关注你，并认可你是它的领导者。一只处于青春期的狗狗需要平静的生活，需要可以依靠的训导者。当然，也许它现在还没有意识到这一点。

设定边界线并放松

接受边界线，意味着你的小奶狗接受你在特定的区域内为它划定的界线。反过来，你也可以将它限制在特定的区域外，限制它对资源的访问。如果它很焦躁（尤其在青春期阶段更为明显），它就不会把你和你的信号当回事了。因此，很重要的一点就是要教会它平静下来，使它能够再次倾听你的声音。然而不幸的是，许多狗狗的主人在这种情况下往往会采取严厉的制裁措施，结果就会导致恶性循环：你的小奶狗很焦躁，是因为它有压力了，而它从主人那儿得到的却是严厉的制裁，然后它就变得更加焦躁，压力更大了……而所谓的引导是指将你的小奶狗从旋涡中解救出来。你要观察它，当它的焦躁还处于可控的水平时，要及时地进行干预。

⊙ 训练它放轻松

幸运的是，你可以通过不同的方式来训练你的小奶狗放松下来。每当它保持安静的时候，你就要奖励它。再比如，在海滩度假期间让它睡在你身边，你可以慢慢地抚摸它或给它做按摩。想一个语言信号（“别动”“安静”）或只是一个轻轻地声音（“嘘”）。当然，你还可以让小奶狗把某种香味与放松联系在一起，在毛巾、围巾或类似的纺织品上滴几滴有香味的（一定要稀释过的）植物精油，比如香蜂草精油。从现在开始，每当它在放松时，你就让它闻这种气味。以后，你可以用这条毛巾作为触觉信号，当小奶狗一激动，你就把毛巾放在它身边，让它安静下来。重要的是，要让这种香味信号定期保持新鲜，这样才能在它身上起作用。

我喜欢用我的手作为“停止”的触觉信号。为此，我会把手摊平放在小奶狗的胸前。对于我的小奶狗，我给的语言信号是“喔”。我会主动顶住它，然后让它冷静下来，转向我。当然，这需要大量的练习。先从一个安静的、无干扰的环境中开始。你用绳子牵着你的小奶狗，此时的它可以坐着也可以站着。记住，拿好你的“装备”——好吃的食物。当你的小奶狗也许会找到令它兴奋的东西或者它被你安排的人搞得蠢蠢欲动时，请对它发出“喔”的信号或者“别动”“安静”……并将你的一只手摊平放在它的胸前。你必须把手顶住它的胸口，因为它可能要往前冲。用你的另一只手立即从包里拿出非常好吃的食物来奖励它。多练习几次，直到它知道你把手放在它的胸前意味着什么。现在进行第二步，发出你的信号，把你的手摊平放在它的胸前，看它是否会自动转向你。如果它真的转向你时，那么太棒了！它值得获得它的奖励。

这个练习更加清楚地表明为小奶狗创造学习情境是多么重要，尽管很复杂，但它能找到解决的方法：如果它无法达到你预期的目标，那我们就必须降低要求，这样我们还能与小奶狗保持愉快、和谐的关系，而它也愿意跟着我们到处走。

顺便说一句，“毯子”“狗箱”“小篮子”这三个命令也可以达到放松的目的！

⊙ 主动设置边界线

你可以设置边界线。比如，你坐在地板上，不要让你的小奶狗靠近。当然，你可以经常和它做这些练习。但现实是，我们往往会因为小奶狗的可爱而对它有所放松、懈怠，但是，设定边界线只有在我们很明确并付诸行动时才会有效。如果我们的心从一开始就融化的话，那一定不会有效果的。比如，你可以指定厨房或者你的书房作为“禁地”。注意，必须向它展示明确的肢体语言和发出平静的、客观固定的声音。注意你家小奶狗的每一个想要越过边界线的小信号，发出你的禁忌信号，将它的意图抹杀在萌芽之时。你只需发出“唬唬”的声音就足够了，这个声音通常很容易发出。如果它跨过了你划定的边界线，你应该立刻迎着它走过去，在“出去”的命令下，将它送到禁区外。有时，你必须推它一把或轻轻地将它拉出去。此后你是否注意到，你的小奶狗想越过边界线，但犹豫之后却放弃了。衷心地祝贺你，去奖励你的小奶狗吧！但只能在允许你家小奶狗进入的区域，而不是在“禁区”里进行奖励。在散步时，你也可以进行“禁区”训练。在你经常光顾的区域可以根据周围的情况，设想一下行人交通灯的红色和绿色：把不允许你家小奶狗停留的所有区域都设置为红色，而允许它停留的所有区域都设置为绿色。

你也可以为它划出一个特定的区域。这种练习我在“毯子”“狗箱”“小篮子”的命令中描述过。

你还可以使用物质的和非物质的资源来设定某个关口，从而给它画出一条边界线。物质的资源可以是食物和玩具，比如它最喜欢的绒毛球；而非物质的资源指的是让它自由活动，打开房门或通道，让它外出游玩。房门对于小奶狗来说通常具有神奇般的魔力。哇，门外究竟隐藏着什么东西能让它如此激动？你可以和它一起朝门口走去，一直等到它平静下来。现在，当我按下门把手就意味着对它的奖励——而我的小奶狗唯一的愿望就是要走出门去。于是，我的灵感来了，我把手缩了回来，同时伴随着“等待”的信号。等它平静下来后，我的手再一次回到门把手上。如果它保持平静了，我会打开门。如果它跳了起来，这就取决于我自己的反应时间了，我可以再次把门关上，或用我的身体将通道堵住，并再次给出“等待”的信号。有可能的话，伴随着你的“停止”信号，向前伸出你的手掌。如果它能静静地等待着，并依偎在我身边，我可以用身体语言邀请它跟我一起出门。

你可以将绒毛球或类似的物体当作资源放在你身边的地板上，但稍稍远离你的小奶狗。绒毛球与它的距离取决于你的反应时间。发出“禁忌”信号，并用手盖住绒毛球，明确地告诉它，必须与绒毛球保持一定的距离！如果它因此离开绒毛球，给它一些食物奖励它。如果你发现它已经开始理解这个信号的含义时，你可以稍微走远一点。如果你的小奶狗很听话，偶尔给它一些奖励。如果它不听话，你必须迅速做出回应。但原则上，你应该把它设想成一只听话的狗狗，而不是试图去咬绒毛球的小奶狗。如果你躲在一旁窥视它是否有正确的行为举止，那么在它看来，是你在制造紧张和不自信。作为最后一步，你也可以尝试使用其他物体。

故事

小保罗真的很累人

几周前，我们的小保罗换了牙。然而，所有的一切都被打回了原形，甚至变得更糟糕了。这段时间的小保罗真的很累人！上个星期它就开始不听话了：那天它叼着我的拖鞋从我面前跑过，结果它却没打算把拖鞋还给我，我甚至用了它最喜欢的骨头交换也无济于事。而更糟糕的是，这个小家伙居然开始向我咆哮！就在这时，一只鸽子从窗前飞过，小保罗被吸引了过去，于是，我趁机把拖鞋抢了回来。

过了两天，它又突然从我面前跑过，奔向它的老伙伴弗里茨。一转眼的工夫，它已经远在我的视线之外了。一直以来，我都很信任它——然而现在却发生了这种事情！它在前面的草丛中嗅着，时而看看我，也许它在想，“让这个老太婆叫喊吧！”然后，它就逃之夭夭了。好家伙，当它跑到弗里茨那里时，它的主人竟然也很开心，并帮它解开了绳索，这样它们两个小家伙就可以随意玩耍了。好吧，我估计他并不知道我是不会用这种事情来作为奖励的。回到家中的我第一次翻开了有关养育小奶狗的书，并快速地阅读起来。这上面用粗粗的字母写着：青春期。太奇妙了——它竟来得这么快，就不能再等一段时间吗？我们这儿的日常生活可以说被它搅得一团乱……

现在，我只能用长长的绳子将小保罗拴起来了，因为不能再这么放纵它胡作非为下去了。我们会经常练习叫它的名字，而它却也时常把自己的名字与散步联系在一起。我非常耐心地与它一起训练“等待”命令，以抑制它的冲动。说实话，那时的我已经到了绝望的边缘。有时候是小保罗的问题，有时候是我家人的问题。总之，我们的日子时好时坏。有时它很聪明，让我感觉自己似乎又找回了原来的小宝贝，它给了我百分之百的关注，只是想取悦我。可一转身，它又变成了另外一副模样——迷茫、焦虑，甚至忽略了它平时最爱吃的食物，却试图窥探厨房里的餐桌。它还使劲地拖拽拴住它的绳子，显然它都不知道自己要做什么。

当小保罗与孩子们互动时，我不得不更多地介入其中。因为摩擦总是在不经意间就产生了。这个小家伙的个头变得越来越大，体重也变得越来越重。当孩子们不再对它感兴趣时，他们根本无法把它推到一边去。幸运的是，刚刚还在闹别扭的他们仨转眼又愉快地拥抱在一起了。

昨天，在我们忙碌了一整天上床睡觉时，我的丈夫突然深深地叹了口气。我急忙打开了灯，问道："你是感觉哪里不舒服吗？"只见他淡淡地回答道："噢，孩子们都已经进入了青春期……"是的，我们应该做准备了。

孕妇和新生儿

很少有家庭一边期待着婴儿的出生，一边又去领养一只小奶狗。如果真是那样的话，这将是非常具有挑战性的。但你却无法避免你的亲戚或朋友中有人怀孕了……

能当侦探的狗鼻子

小奶狗通常会对所有新的、与众不同的事物怀有极大的兴趣。由于孕妇体内的激素水平发生了变化，因而小奶狗的鼻子会立即注意到孕妇带来的另一种气味，它肯定会非常兴奋地接近你怀孕的女朋友，想了解她身上的一切。这反过来会导致它表现出一些恼人的行为，而这对于一般的访客来说都会感到不舒服，更何况是孕妇。所以，我们应事先约定好游戏规则，确定哪些行为对孕妇是被允许的，哪些是不被允许的。大多数孕妇不希望小奶狗往她们身上跳，因为那可能会伤害未出生婴儿（总体来说，跳是一种粗鲁的行为，我想无论是谁都不会喜欢）。因此在来访者情况还不太确定时，及时将小奶狗用绳子拴起来就显得非常必要。对于一些孕妇来说，卫生问题也在不知不觉中变得愈加重要，小奶狗不停地舔她的手，或喘出的气体将她的手弄得湿湿的，这些行为都会引起她的不愉快。如果它总是缠着你的女朋友，无法让她安静或好好休息的话，你可以为它准备一块非常特别的骨头或一个非常特别的玩具，而它只能在特定的客人来访时才能得到，这样它就不会再来纠缠你怀孕

2hearts
Hundespiele

的女朋友了。

哦，多么令人兴奋！

这同样适用于怀抱新生儿的来客。新生儿会发出非常有趣的声音，即使我们不想这么想。同样，尿布对小奶狗来说也很有吸引力。此外，我们大家都会非常关注新生儿，所以它也必然会对婴儿感到好奇。当然，在得到新生儿父母同意的情况下，你的小奶狗才可以嗅闻婴儿车或婴儿的脚。你要让它知道，它不会对客人构成威胁，而且只能乖乖地待在一边。

去野外

人们总说，狗是狼的后裔。但这是真的吗？眼前的这条小奶狗现在是我们家喂养的一只套着狗皮的狼吗？

我们可以从狼和野狗那里学到这些东西！

披着狗皮的狼？

关于狼群的行为，大多数研究是基于对人工圈养的狼所做的观察，而不是来自野外生存的狼群。这些群体之间的行为有什么不同吗？答案是绝对有。这会影响我们对犬类行为的理解吗？是的，确定无疑。

狗绝不是狼

你是否知道阿尔法狗、兽群之王、支配地位等这些概念？这些概念暗示我们，狗是披着狗皮的狼——它们随时准备着要去主宰族群中每一个成员。这种观点不仅对我们与狗的关系有害，它还是基于对狼群行为和同居生活的错误解读。所以，这完全是错误的。

正确的观点是：狗就是狗，它不是狼，纵使狼是狗的伟大祖先。家犬在数千年前就与人类一起进化。在这个过程中，它们继承了原始狼群的部分行为，但另一方面它们也适应了与人类的共同生活。

以前曾有过非常多的讨论，在我们的犬类身上究竟还藏有多少狼的本性，它们的哪些行为是一致的，它们之间谁更聪明？经过大量的探讨、实验以及在新领域的深入研究后，人们意识到，我们在狗身上找到的所谓狼的行为，其本质都是在人工圈养狼的研究基础上推测出来的。圈养狼的行为和群体结构与野生狼的行为和群体结构有着本质的不同。狼在自然界中不占优势，而且一头狼在任何时候都不会试图去接管整个狼群。没有谁比谁聪明，它们只是适应了不同的生活条件。狼必须将它

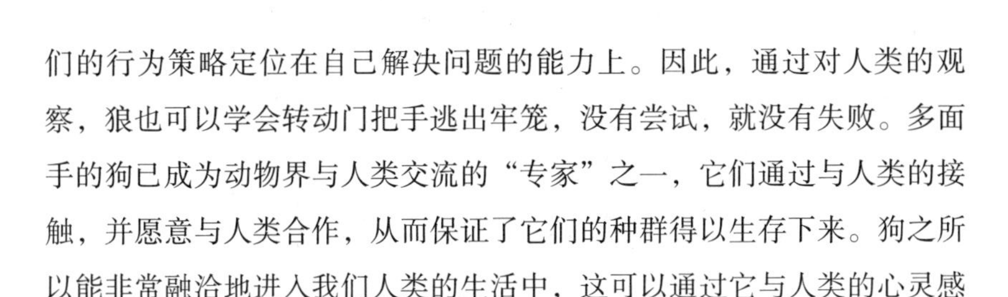
们的行为策略定位在自己解决问题的能力上。因此，通过对人类的观察，狼也可以学会转动门把手逃出牢笼，没有尝试，就没有失败。多面手的狗已成为动物界与人类交流的“专家”之一，它们通过与人类的接触，并愿意与人类合作，从而保证了它们的种群得以生存下来。狗之所以能非常融洽地进入我们人类的生活中，这可以通过它与人类的心灵感应的能力得到解释。

狼怎么会演变成人类最好的朋友?

最新的研究表明，人类与狗最早开始互动的年代可能比我们的想象还要早很多。早在狩猎采集时代，原始狗就从人类的狩猎中受益，并帮助人类共同捕捉猎物。此外，它们还担任着看家护院的任务，并协助人类共同抵御其他掠夺者。狼和原始狗的分界线距今应该已有11000～16000年的历史。原始狗的驯化和繁殖也伴随着人类的进化而发生了质的变化。这种驯化很可能始于欧洲。不过，这些都不是本章所要讨论的重点。

在自然界中，一个狼群通常由父母和他们两到三岁以下的孩子组成。与我们的人类家庭很相似，成年“孩子”很快会离开“父母的家”，并开始组建自己的家庭。由几只年龄相近的成年狼所组成的狼群在自然界中（如果有的话）很少出现。然而，正是这种群体，我们更多的是在人工圈养的狼群中看到的。以前，训狗师和生物行为学家通过观察以这种方式生活的狼而得出了他们的优势理论，因此这种理论与真正的野生狼的生活状况自然是不一样的。

生物学家大卫·梅奇（David Mech）曾经说过，把没有亲缘关系的圈养狼所表现出来的行为等同于自然狼群家庭结构的行为，会导致相当大的混乱。这就相当于通过研究难民营中的人群行为来得出关于人类家庭动态的结论一样，具有极大的误导性。同样具有误导性的就是所谓的阿尔法狼是一群年龄相近同类中的“顶级狗”这样的概念。

社会结构

“一只成年狗会不断地致力于对族群的控制，从而赢得整个家

庭。”这种说法是不正确的。反过来，它的所有互动都是基于获得更高的地位或成为阿尔法狼。这种优势理论则与我们的狗和我们共同拥有的乐趣相冲突：它只会破坏狗狗与我们人类之间的关系。如果我们总是认为，狗狗一直在寻找我们的弱点，以便攻击我们，那么谁还可以和他的狗一起放松地享受日常生活呢？这绝不是基于信任关系的保障。

那么，是不是根本就没有“占优势的狗狗”呢？答案恰恰相反！在一个群体中共同生活的狗狗之间是存在着社会等级的。令人感兴趣的是，这种社会支配地位并不是一成不变的，它与生活的情景有关。所以，它不是一种典型的特性，也与它的侵略性无关。

而这又和你与狗狗的关系无关。在两个不同种类之间不存在社会支配地位的问题。我们不是狗狗，这一点我们的狗也知道。我们之间通常不存在竞争问题，这就是狗狗能与我们人类很好相处的原因。你的狗狗

训练提示

了解你家小奶狗的社会行为规则，并对此做出评价，将有助于你更好地了解小奶狗与你和你家人互动的原因及方式。

为什么想要主宰你呢？这样做它又能得到些什么呢？能得到比它现在所能得到的东西更多吗？你喂养他，给它一个居住的地方，你还要照顾它的需求。你给它玩具，和它一起散步，并热情地抚摸它。你的小奶狗还缺什么呢，是你的车钥匙或钱包吗？显然不是。

然而，是不是有人告诉你，你有一只想要挑战你权威的狗狗？其实，它可能更具黏人的自然特性，而你往往会无意识地奖励或强化它对人的依附性。狗狗是机会主义者，而机会主义者很快就能学会如何获得它们想要的东西。其实，你完全可以巧妙地利用狗狗的这一特性来为自己服务，而不是使用对抗式或争夺主导地位式的训练方法。

族群中的家规

当然，每个族群和家庭都应该制定所有成员都必须遵守的行为规则，这些规则适用于所有成员，不管是人还是狗狗。狗狗在很小的时候就从它们的父母、兄弟姐妹以及族群中其他成年狗那儿学到了这一点。族群中第一个也是非常重要的规则就是：违反规则就会产生严重的后果。这条规则具有非常重要的价值，因为它可以教会你的小奶狗，什么是对的，什么是错的。与此同时，你的小奶狗也希望你从它的角度出发，充分理解什么是正确的，什么是错误的。因此，这条规则也会带来互相的误解。

狗狗通常会认为规则适用于“族群”中的每一个成员，不管是孩子还是狗狗，只要有人违反规则，它也同样会做出反应，比如发出低沉的呼噜声或是进行阻挡，而正是这种行为被人类视为它在谋求主导行为。为了形象地加以说明，下面我们来举个例子：一个最常见的规则就是对资源的占有，比方说，“我嘴里或附近的一切都属于我”。如果一个孩子拿了小奶狗的食盆，从它的角度来看，这个孩子违反了上面的规则。有些狗狗会接受这一事实，而有些狗狗则相反，它们会用低沉的呼噜声或者露出它们的牙齿来表达它们的不满，而很多人则在没有被警告的情况下就被它咬伤了。

很多人会说，这是狗狗的强势行为，而狗狗则认为它是对的，它并没有违反规则，而是“入侵者”破坏了规则。不过，这并不意味着你不能从它的食盆中取走食物或其他猎物，也不能在它吃东西时拿走它的食物，你可以通过训练它来做到这一点。在食盆里呼噜咆哮，这当然不适合家庭的日常生活，这就是你的小奶狗必须学习的东西。而我们也应该注意：要让小奶狗安心地吃东西。

对我来说，重要的是其背后的知识：我们人类也应该遵守规则，就像我们对狗狗提出的要求一样。

你马上会说什么？

狗狗使用两种不同的交流方式：面部表情和肢体动作。后者更适用于距离较远的信息交流。狗狗能使用表情信号进行短距离交流，例如耳朵的方向。

赛特犬

肢体动作

每一只狗狗都可以略微改变自己的身体大小。当一只狗狗很自信，并希望表达自己的存在，那么它就会让自己显得尽可能大一些。为此，它常常延伸自己的身体，给它的躯干充气，毛发竖起，并将它的身体重量向前移动。如果它感到不安，不想引起注意，那么它会让自己变小，身上的毛发会回缩，并蹲下。

狗狗可以改变它抬头的方式，垂下或者抬起脑袋。它转头的方向也是一种信号。如果它把头转向侧面，表明它没有攻击性，甚至可能没有安全感。相反，如果它把脸转向另一只狗狗，就明确表示，它并不害怕对手。

观察狗狗的尾巴位置也很重要。当狗狗的尾巴左右来回摆动时，它是在向你表示友好。在它发动攻击前，它会将尾巴慢慢地竖起来。摆动尾巴本身并不表明狗狗的友善。在愤怒时，它会把尾巴高高翘起。如果一只狗垂下它的尾巴，甚至把尾巴夹在它的后腿之间，这表明它很胆怯或有不安全感。

吉娃娃

面部表情

狗狗能够使用面部表情来表达它的各种感觉，诸如饥饿、恐惧或好感等。首先，小奶狗的面部表情是由面部的细微动作组成的。毛皮的结构和毛皮的纹路可以强化这一点。面部表情最重要的部分是它的眼神：一只具有危险性的狗狗，它的眼睛会直直地盯着前方，它的瞳孔会缩小。相反，如果它的眼神很柔和，瞳孔也很大，这时它的脸会显得很放松。

狗狗也会使用眉毛、嘴角和牙齿等进行交流。如果小奶狗感到不安全或要表达顺从，则会将它的嘴角向后拉。不安全和威胁结合在一起会导致它的嘴角向后拉，并露出牙齿。但是如果嘴角向前拉动，而嘴唇略微抬起，以至于能看见它的尖牙，这是安全的标志。

此外，耳朵在很大程度上也可以算作狗狗的面部表情。如果耳朵指向后面，那意味着“我屈服了”；如果耳朵直立，则表明它在显示权威。

狗狗之间的误解

肢体动作和面部表情对于狗狗来说主要是为了避免冲突。相应的支配地位、威胁信号或顺从信号则能让同类之间尽快地确定它们的地位，并能以和平的方式来解决众多冲突。

英国古代牧犬

但这也经常会出现误解。比如耳朵下垂，这时耳朵的信号通常不那么明显，不易被看到狗狗和人都必须仔细观察。有些狗狗具有着长长的毛发，如此便不易看到它们的耳朵和面部表情。被裁剪过毛发的耳朵或尾巴，也可能导致发出不同的信号，为避免误解的产生，这些狗狗很少向它们的同类发信号。

狗与人之间的误解

人也会向狗发送误导的信号。例如，他想把小奶狗叫到身边来，但它却没有听从，于是，他通过肢体动作和面部表情发出了威胁的信号，而它只会感到困惑。结果，它依然停留在远处，而他却变得更加生气。其实，他俩想要的是同样的要求。我们不能用眼睛直直地盯着一只狗狗，这会使它产生攻击性，因为它会认为自己即将受到攻击。此外，我们也不要在狗狗的上方弯下腰来，因为它可能将此理解为一种挑衅的姿态。你可以从侧面向狗狗靠近，这可以消除它的压力。很少与人接触的小奶狗，刚开始时常常无法接受人类的大声欢笑。在它看来，这也意味着是一种挑衅。向这样的狗狗显示“牙齿”或者从它的头顶上方伸出手来，对它来说都可以理解为即将受到攻击。尤其是对一只陌生的成年犬，它有可能被迫进行自卫。

比格犬

▶ 故事

对事物重要性的不同看法

也许你已经习惯了一切，有时你也确实是这么说的。但是，我是否能够习惯呢？小保罗热衷于或者喜欢在肮脏的地上打滚，它认为这是一件很惬意的事。是的，确实有点让人匪夷所思。

但有一点是可以肯定的，人类和狗狗对生活中的事物往往有着截然不同的感受。

例如，这是不久前发生在我家里的事情……

我和小奶狗一起依偎在沙发上，这样的事情不仅我感觉很棒，小保罗也同样很享受。从小奶狗的角度来看也是可以理解的，因为互相接触可以促进族群成员的凝聚力。但狗狗总会在这里掉落一些什么。不可否认的是，安德烈并不认为这是件可以让大家高兴的事——不断掉在脸上和衣服上的毛发，以及爬在他身上的蜱虫等，所有的这一切对他来说确实是一个很现实的挑战。因此，我在沙发上放了一条毯子，并定期清洗它，这样似乎每个人都能接受了。

但保罗对其臀部和生殖器的狂舔行为让我大倒胃口："哦，不！你一定要在晚餐期间这么做吗？"小保罗惊讶地抬起头来，显然是在问我，到底发生了什么。如果每个人都这么放松地致力于个人卫生，这确实是一个伟大的时刻。最后，还有一个并不是很重要的问题，那就是当有客来访时，它喜欢狂吠。一方面，我很高兴能有客人来；另一方面，我却对小保罗的吠叫感到很恼火。可能我们的四条腿朋友认为："天哪，有人来我们家了，但我的主人感到却非常焦虑。这是朋友呢，还是敌人？”因此，我们仍需要做更多的努力。

……或者在屋外发生了这些状况：

我牵着小保罗在屋外的道路上散步，突然绳子的另一头传来了狂吠声。“天哪，小保罗，你疯了吗，快住手！你这个家伙，我真是受够了，我快拉不住你了。”有时，我牵着绳子，让小保罗走在我的身边，而它却会突然跑到我前面去，我们就像在拔河一样，我会忍不住问它“为什么这么着急着往前走”，而它肯定也会感到很奇怪“主人，这是怎么回事？我们走的是同一个方向！把我的绳子解开吧”！但它必须经历这一切，而我们也将始终不懈地继续训练。

不久前，我们的小保罗在外面吃了一些非常恶心的东西，而我的脑海里立刻闪过一个念头：“这家伙真是个魔鬼！”然而，它却显得很满意（从它的观点来看似乎也是可以理解的，为什么要错过这么好吃的东西呢？）。回到家后，它喘着粗气却喷了我一脸口水：“闻闻我刚才吃了些什么东西，我好喜欢你！”好吧，我现在真希望它不要呕吐，要是有东西落在我的地毯上……

小奶狗的快乐生活！

对小奶狗进行全面的照顾，让它健康成长，除了拥抱，当然还包括喂养、护理和保健。在这一章节中，你将了解到最基本和实用的知识。

鲜肉还是沙拉？

什么是小奶狗的饮食计划？小奶狗需要多少食物？在下面的章节中，你将学习如何更好地为你的小奶狗提供食物。

不要害怕喂食

最好的方法就是要多用手来喂你的小奶狗。每天早上，你要先确定好它一天的食量，然后把它分成若干份，分别放在一个个小容器里，或放在家里，或放在你的口袋里。你的小奶狗要学很多东西，这样每当它用眼睛盯着你的时候，或听从命令坐下的时候，或不再打扰猫咪安静的时候，你就有机会立即奖励它。它总是有动力去学习并得到你的奖励。很快，它就会从你的眼睛里读出你的每一个愿望，即使你偶尔没给奖励。

> **超级奖励**
>
> 要不要用一个大奖来奖励你的小奶狗？如果你的小旋风做得非常好，它可以得到一大把美味佳肴，多到让它感到惊讶，但最好还是应该以可持续性的方式来奖励。

最经典的喂食方法是每天使用小奶狗的食盆进行3～4次（幼犬喂2次）喂食，你可以按大概的时间间隔来喂食，关键是不要让它低血糖。至于是否需要固定的时间来喂食，这并不重要。按固定的时间吃饭是源于人类的需要。在自然界中，野狗很少在准确的时间捕获猎物。然而，这作为一

种仪式一旦被确定下来，它们很快就能习惯在固定的时间吃东西，这很可能会产生麻烦。作为奖励，你得使用特别的食物和额外的食量，这样它就可能一不小心就吃多了。补充食品的数量和卡路里数必须从幼犬的每日定量中减去，这样它就不会消耗比预期更多的卡路里。否则，由于身体增长过快，而它的肌腱、韧带和关节都没有发育好，这会损害它的健康。这里同样要注意，不要犯教条主义的错误。如果你没有太多时间训练它，那么就在它的食盆里放够每天的饭量。相反，如果你有充足的时间来训练它，那就全天用你的手来喂你的小宝贝吧！

有两种喂食的仪式值得关注。为了不让小奶狗养成挑食的毛病，有一个很简单的法则：只要它离开食盆，就表明它已经不饿了。如果你的小奶狗专注于它的食物，它会在5分钟之内全部吃完。当它只是站在食盆前却不吃，或直接扭头离开，或等着你为它添加“奶油”时，你应该立即把食盆从它身边拿走，没有讨价还价，而且它只能在下一次喂食时再获得食盆里的食物。让你的小奶狗学会等待你开始喂食的信号，这对所有参与者来说是一件愉快的事情。绝不能允许你的小奶狗“在走廊中”试图抢夺食盆，而是要让它等到你放下食盆，并且说：“好了！”以后，才允许它进食。

消化得好吗？

小奶狗的消化系统尚未发育完成，因此必须让它渐渐习惯狗粮、骨头和其他新的食物，这样才有利于它的肠道细菌的共同发育。出于这个原因，在移交小奶狗时，大多数饲养员会给你一大包狗粮。当小奶狗来到你家时，它的生活发生了巨大的变化，因此至少在几天之内你应该用它已经习惯的食物喂它。当然，这一条并不适用于来自恶劣状况的小奶狗，此时你可以立即改用优质食品，因为这是你要优先考虑的问题。

小奶狗需要多少食物？

你的小奶狗的最佳食物量取决于各种不同的因素：生长、活动、细胞更新、免疫防御、热量调节以及狗狗的品种。从体重的比例来说，幼犬比成年犬需要更多的食物。一只幼犬每天为它的身体成长、大脑发育、参与游戏等，需要燃烧大量的能量（是200千卡/公斤，而不是成年犬所需要的120千卡/公斤）。

根据经验，给你的小奶狗的食量是它体重的4%～10%。大致的范围可以作如下解释：较小品种的小奶狗需要更多的能量，也就是其体重的6%～10%；而较大品种的小奶狗相对于它的体重需要较少的能量，我们建议的食量是它体重的4%～6%。你也可以去查看一下狗粮包装袋上的说明。如果你的小奶狗是你从一个负责任的饲养员那里购买的小奶狗，你会收到一份它的喂养计划。你的幼犬也需要其体重4%～6%的食量。它的主要成长阶段虽然已经结束了，但它的骨架还尚未完全成熟。

干狗粮，新鲜肉类还是……

在小奶狗的世界中，我们讨论最多的话题就是关于我们四条腿朋友的饮食。尤其是幼犬，它们对食物的需求量非常大。不要购买便宜的食物，不要相信路边的谎言。

对于小奶狗的喂食，通常有两种不同的饲养方法：用日常食物喂养和用购买的狗粮喂养。那些以优质的罐头食品来喂狗狗的人则介于两者之间。那么，整个讨论究竟围绕着什么？谁赞同哪些论点，谁又反对哪些论点呢？

用日常食物喂养

日常食物喂养的概念就是用生肉（或内脏等），水果和蔬菜等进行喂养，以狼的天然营养为基础。在每一餐中，应将“猎物”的不同营养成分作合理的配比。对于会过敏的小奶狗以及患有肾脏或肝脏疾病的狗狗而言，新鲜的肉食通常是帮助小奶狗康复的第一步。

用狗粮喂养

在小奶狗的喂养中，狗粮喂养仍然是最常见的形式。这是单一的完整营养食物，采用特殊的加工方法进行研制。狗粮的成分和价格均有不同，请注重一下品质！

用日常食物喂养的优点

- □ 食物的组成成分清楚明确
- □ 在制作过程中营养流失少
- □ 小奶狗具有更好的牙齿和牙龈
- □ 小奶狗的毛皮结构往往更光泽，更密集
- □ 大便较少

用日常食物喂养的缺点

- □ 耗时
- □ 需要占用一定的冰箱空间
- □ 可能存在重要的维生素和矿物质供应不足的风险……
- □ 有病原体传播的可能——要注意厨房的卫生！
- □ 当你去度假时，可能难以为继

用狗粮的优点

- □ 与罐头食品相比，包装废弃物少
- □ 能确保均衡的营养
- □ 几乎不需要存储空间
- □ 无须准备食物（节省工作时间）
- □ 卫生安全

用狗粮的缺点

- □ 含水量低
- □ 食物成分通常不是百分之百透明
- □ 与采用日常食物喂养相比，小奶狗的大便量通常更多、更频繁
- □ 由于存储不当，可能会导致食料长虫

实用主义

无论你选择哪种喂养方法，我的建议是：应该让一定的实用主义占上风。究竟是赞同还是反对某一种喂养方法，在你做决定之前，也可以基于以下考虑：

我准备食料需要多长时间？我有多少存储空间（冰箱、冰柜、地窖）？我的小奶狗在哪里吃？我把小奶狗带到办公室去吗？白天有人（保姆、邻居、父母或岳父母）给我的狗喂食吗？如果去度假怎么办？在训练期间我用什么食物来奖励我的小奶狗，可能只能用天然的产品，比如烘干的鸡肚或日常的美食？

通常，我都会给我的小奶狗吃新鲜的肉。每周我都会收到肉摊师傅送来的新鲜肉。我会将新鲜的肉切成粗块，将混合后的肉在一个专门放狗食的冰柜里。根据我的经验，我们可以通过一个简单的规则来防止狗狗营养不良：70%的肉和30%的蔬菜和水果。此外，我们还可以添加一

些野菜的混合物和微量元素，各种藻类和贝壳粉等，或用不同的食物油来制作狗狗的食物。

有人认为狗粮原则上不应该含有任何谷物，其实我不赞同这种观点。在人类的漫长岁月里，狗狗的肠胃早已习惯于谷物成分。只要它没被诊断为过敏，你当然可以给它一块面包或者煮熟的面条（请不要放盐）。不要被那些赞同或反对谷物的各种研究而感到困惑。

原则上，我不喜欢被教条束缚，因为它会让人缺乏灵活性和自我调节能力。没有人能告诉我，一头狼每天获得的最佳食物量是多少。对于我的小奶狗来说，我没有为它做过任何科学研究，但我试着用我的头脑和眼睛来关注它。所以，我会在肉中加入一些野菜的混合物。就我而言，我不会加入蔬菜和水果，即使狗狗可以很容易消化它们。是的，我会在花园里扔一个苹果或胡萝卜给它，这样它可以去捕捉并吃掉它们。我也经常会给它吃一些干粮。我的小奶狗需要肠道细菌来消化干

粮，所以我不必为度假特意“打包”一些新鲜的肉。在我的房车里去为五只狗狗存放新鲜的肉类，对我来说是个“禁忌”，因为我想轻松地度过我的假期。罐头会产生很多垃圾，不然，我认为给小奶狗喂新鲜的肉和骨头会更自然一些。最主要的是我能看到我的小奶狗高高兴兴地陪我度过了这个假期。当然，每个人都应该自己决定在这种情况下他该怎么做。

什么样的食物能帮助我的小奶狗？首先，我们必须区分两种重要的物质——蛋白质和脂肪：蛋白质可以带来快速的能量，而脂肪则能带来缓慢和密集的能量。所以，究竟是选择新鲜肉类，还是选择狗粮或罐头食品，必须取决于小奶狗需要什么。比如，一只工作犬，它要承担很重的负荷，尤其是在寒冷的气候条件下，它特别需要高脂肪含量的食物；而在赛道上需要快速奔跑的竞技狗，在相对暖和的气候里，它需要高蛋白质含量的食物。我的祖母告诉我，我们的大型犬种应该让它“饿着”。我一直认为这个词很糟糕，但它背后的意义是好的。如果大型犬的幼犬（例如大丹犬、伯恩山犬……）由于吃了富含蛋白质的食物而生长过快，它们受伤和患疾病的风险就会增加。例如，这张喷水的苹果树就很好地说明了这种情况——枝条长，果肉饱满，但稳定性为零。

对于特殊情况，例如狗狗过敏，在宠物商店里有许许多多不同种类的专用食物，它们可提供给那些肾脏或肝脏有问题的以及对牛肉或羊肉过敏的小奶狗食用。如果小奶狗出现急性病例时，我们应该及时预约兽医或营养师。

像运动员一样健壮？！

为了让你的小奶狗对自己的皮肤有舒适的感觉，非常重要的一点就是告诉它，它是可以被触摸的。只有这样，我们才能去除它身上的牛蜱或抠出它耳朵里的污垢……

全面的护理

为了让小奶狗有一个健康舒适的生活，我们不仅要提供合适的食物、清洁的饮水，还要经常带它出去散步。当然，全面的护理也必不可少。全面的护理包括检查它的皮毛、牙齿、眼睛、耳朵和爪子。长毛狗的主人还负有一项特殊的责任，那就是定期带它去理发。此外，他们还必须让每只小奶狗都知道，当有人拽着它、给它清理毛皮并进行身体检查是对它的一种爱护，要让它乐于接受，这样就能大大减轻兽医、兽医诊所以及小奶狗理发师的压力。

还有一点就是，要让小奶狗接受人类对它的日常护理。例如，清理它皮毛中的蜱虫，挑出嵌在它牙齿之间的杂物以及咀嚼骨头剩下的残留物。在大多数小奶狗的一生中，它们还必须忍受至少一次眼滴和耳滴。

多练习

对于我们的四条腿朋友来说，它应该充分理解人对它的日常护理，比如整理皮毛或寻找讨厌的蜱虫等。如果一只狗狗已经知道人是可以“随意”抚摸它们的，那么就能减轻兽医等所有参与护理人员的压力。不管你是用吹风机吹干它的皮毛，还是检查它的眼睛和爪子，或者用刷子刷它的毛，你的小奶狗都应该能轻松接受它。

为了能顺利地进行护理，你可以参考以下的建议：

>在平静、轻松的氛围中为你的小奶狗提供身体护理。不要在早晨刚起床后或在散步中进行，也不要在邻居的孩子或小奶狗的伙伴正在拜访时进行。

>在做了较长时间的散步后，可让它舒服地趴在地板上，查看它的爪子、眼睛和耳朵。这时，最好能抱住它的整个身体。

>你的动作越多，你的小奶狗就越反感。其结果是，它感到很不舒服，可能还会试图逃跑。

>许多年轻的狗狗会对这种伟大的爱心感到压抑，因此它可能会时不时地咬住毛巾或刷子。因此，你在向它展示毛巾或刷子后，最好再给它一个玩具或者在它的嘴里放一个能咀嚼的骨头。它很快就会知道，在“释放”压抑的同时，它可以接受你的护理。

对于小奶狗来说，如果它知道即使是陌生人也可以用这种方式触摸它并照顾它，这对它是有好处的。请记住，这种练习也可以邀请你的邻居或朋友来完成。例如，你的小奶狗需要接受手术，它将由诊所的工作人员来照顾。训练开始时，你可以站在小奶狗的面前，给它一些零食，然后由一个陌生人开始抚摸它。此时，你要注意它的身体姿态。它的背部是否抬起或它的前肢是否僵硬地向前伸展？如果是，说明它感到不安。让陌生人坐在狗的侧面，距离远一点，在侧面轻轻地抚摸它，但不要摸它的头顶，让它慢慢地放松下来。好好地奖励一下它。第二天继续练习。付出总是会有回报的。相信当你最迟在下次再去拜访兽医时，它会表现得很棒！

社交性的皮毛护理

狗狗喜欢互相整理皮毛，这种相互之间的护理以及身体的接触可以表达亲密的情感和信任。即使你的小奶狗的毛很短，似乎没有必要进行护理，但出于这个原因，你也可以在散步后用毛巾擦拭它，用柔软的毛刷轻轻地刷刷它的皮毛。

驱虫和疫苗接种计划

定期给狗驱虫才能保持狗狗的身体健康，也才能发展出足够的保

护机制以抵御疾病的产生，小奶狗尤其如此。小奶狗肚子鼓胀、眼睛黏膜刺激红肿、焦躁不安或者昏昏欲睡、感觉极度疲倦等，都是小奶狗体内有寄生虫的迹象。隔多长时间给小奶狗驱虫，这完全依赖于小奶狗的生活状况。根据经验，每年可以多达四次。如果怀疑小奶狗体内有寄生虫，你可以将小奶狗的粪便样本拿给你的兽医检查。如果发现了寄生虫，他们会帮你的小奶狗驱虫。如果没有，那就不需要了。

小奶狗接种疫苗的问题和儿童接种疫苗的问题一样，经常被人们广泛讨论。就像给你的孩子接种疫苗一样，你也要为你的小奶狗画一张接种疫苗的表格。为了你家小奶狗的健康，想办法去咨询一下，并提出你的疑问。

疫苗接种委员会的有关部门为没有特殊疾病的幼犬推荐了以下疫苗接种计划。

初次接种

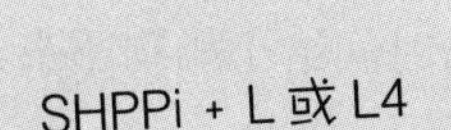

□ 从第8周开始	SHPPi + L或L4
□ 从第12周开始	SHPPi + LT或L4 + T
□ 从第16周开始	SHPPi + LT或L4 + T
□ 从第15个月开始	SHPPi + LT或L4 + T

再次接种

□ 每3年一次	SHPT
□ 每年一次	Pi，Lepto或L4
□ 每3年一次	SHPPi-LT或L4 + T

说明：

H = 肝炎，L = 钩端螺旋体病（2倍），L4 = 钩端螺旋体病（4倍），P = 细小病毒，Pi = 副流感病毒，S = 瘟热，T = 狂犬病

不受欢迎的家伙

在我眼中，蜱虫和跳蚤是世界上根本不必存在的生物。最简单的方法就是请兽医做好预防。除了能驱跳蚤和蜱虫的项圈外，市场上还有药用滴剂和天然医用油。除此之外，奶奶家也有一个好用的配方，就是用浸泡在苹果醋中的湿布给小奶狗进行擦洗。有一点是可以肯定的：无论采用哪种方法，我们都必须对小奶狗进行定期检查。

故事

小保罗第一次拜访兽医

就像获得奥斯卡金像奖一样，孩子们和我第一次带着我们的小保罗去了兽医诊所。在这之前，我们非常勤奋地与它一起进行了练习，并希望能展示一下我们练习过的节目。然而，在入口处我们便受到了挫折：小保罗站在门外呆住了，它极力抗拒通过自动门。幸好，孩子们迅速做出了反应：我的大女儿立即走了进去，站在那儿，这样门就不会自动关闭了。而我的小女儿则蹲下身来，用食物引诱小保罗。“嗯，太好了，现在没事了！”一位年轻的女士，她正好带着她的贵宾犬想离开诊所，她高兴地说：“再坚持一下！”孩子们很兴奋，脸上露出了灿烂的笑容。小保罗好奇地迈着步子往里走，我们被要求坐在候诊室里等待。“不，不是这里，请到对面那个候诊室里去等！在我们这儿，狗和猫是分开的。”这确实是个好主意！

候诊室里挤满了人，幸运的是，我们仍然找到了三个并排连在一起的椅子。小保罗显得有点紧张，依偎在我的腿边。我给了它几块食物，以分散它的注意力。“我以前也曾这样做过。”一位先生安慰我说。“这没什么的，你可以抚摸你的小奶狗，就像我一样。”我看着这位先生，只见他非常粗鲁和用力地在抚摸他那条气喘吁吁的金毛猎犬。我微微地点了点头，在想我自己的事情。然而，就在这时发生了一件让人丢脸的事——小保罗尿了。糟糕！我把拴狗的绳子给了我大女儿，然后去了接待处。“这不是什么大问题。我们马上拿一块抹布来！”太好了！

这里的工作人员确实非常好。在我们把地上的脏东西都收拾干净后，护士给我出了个主意，让我抱着小保罗。这真是一个很棒的建议！只见小保罗蜷缩着身体，舒服地躺在我的大腿上，但它的眼睛却一直好奇地观察着候诊室里发生的一切。

在兽医诊所等待的这段时间里，你会感觉这里似乎在做一个社会调查：各种各样的人和狗狗展现出丰富多彩的人生故事，有不同的观点，也有善意的忠告。我发现，很多人将自己的焦躁不安转加到了他们的小奶狗身上。有两个人，他们隔着很大的距离，却为一件小事差点吵了起来，而他们的两个四条腿朋友原本都应该有一个更好的体型（它们显然都过于肥胖了）。孩子们和我神秘地交换了一下眼色，在这期间，我必须提防那只纠缠不休且令人厌恶的狗狗，因为它老是想骚扰我的孩子和小保罗。虽然我注意到那只狗狗的主人不理解的目光，但我还是认为，一只陌生的狗狗想要舔我小女儿的手，这一点儿都不好玩。虽说我们都是狗狗的主人，但我绝不想在兽医的候诊室里让一只陌生的狗狗与我们的小保罗有任何接触。因为只有天知道这个四条腿的家伙为什么要来看兽医……在诊疗室里，小保罗的举止可以说是示范性的，太棒了，我们的训练得到了最大的回报。

回到家时，小保罗显然有点累了，没一会儿工夫，它就呼呼大睡了。

超级助手

孩子们通常也很适合帮你一起照顾小奶狗，无论是喂养还是进一步的护理。这能增强孩子与小奶狗的依恋程度，以及培养孩子对小奶狗的责任心。

天然的好感和兴趣

孩子们通常对小奶狗有着天然的好感和兴趣，这可以很好地帮助小奶狗克服各种各样问题。虽然我们成人有一千个顾虑，但孩子们确信“我们现在就可以做，而且肯定能胜任”。这种积极的态度具有金子般的价值！然而，我们还是应该陪伴我们的孩子来喂养和照顾小奶狗。因为正如我们的小奶狗必须学习很多东西一样，我们的孩子也要不断地学习，更何况我们对未来的整个过程还没法完全搞清楚，孩子就是孩子。

这样，我们的孩子就能帮助我们

如果你需要给你的小奶狗滴耳滴，那么你的孩子可以在小奶狗的面前用食物来分散它的注意力，这就很棒，这也是一项重要且充满责任心的任务，你现在完全可以专注于小奶狗的耳朵和手中的药水。这同样适用于在给小奶狗剪指甲时分散它的注意力（请询问你的兽医，是否需要以及多久该给你的小奶狗剪指甲）。剪指甲以及给小奶狗的耳朵和眼睛

滴药水，这几件事是不适合孩子们做的。除非你的孩子确实很有责任心，并且具有良好的操作能力。

用刷子给小奶狗刷毛，你的孩子能像你一样做得非常好。你可以安静地待在一边照看一下：既要照看好小奶狗，也要照看好你的孩子。如果有必要的话，你可以用美味的食物来分散它的注意力。必要时，也可以让你的孩子用手工剪刀将小奶狗身上的牛蜱去除掉。这种手工剪刀应该很钝，不会伤了孩子的手。

在喂食的时候，可以让较大的孩子来帮助你。请注意必须遵守所制定的家规：在把食盆放下之前，小奶狗必须保持平静。此外，在小奶狗进食时，不可以打扰它。

雨天出去遛弯回来时，必须用毛巾将小奶狗擦干。一般来说，谁和小奶狗在一起，谁就应该承担这项工作。如果你的孩子能够承担这项工作，那对所有人来说都是有帮助的。你可以喂小奶狗一些食物，分散它的注意力，以便孩子们可以更好地擦洗它。

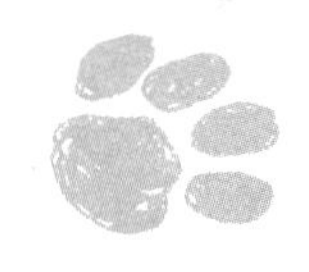

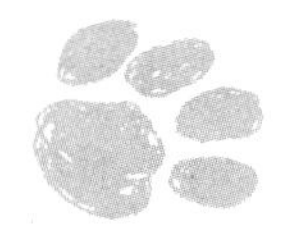

奶奶的家庭疗法

无论是四条腿的狗狗，还是两条腿的人，如果只是生了场无关痛痒的小病，那么使用奶奶的家庭疗法还是很不错的。如果四条腿朋友真的病了或者你也无法确定，请不要害怕：赶快带它去看兽医！

赶快去看兽医?！

每当小奶狗在健康方面感觉不舒服时，它都会改变自己的行为：以前很友善的小奶狗会变得非常好斗；喜爱与人亲近的幼犬，现在却寂寞地待在角落里；这个好动的熟练工，现在对任何游戏都没了兴趣；平时相当保守的朋友，突然寻求与人亲近。所有这些行为的变化都有可能预示着，它正经历着痛苦或是它的健康状况发生了变化。

耳部感染、眼睛黏膜受到刺激、发烧、膀胱炎和腹泻等都是小奶狗容易患上的典型病例。如果你准备好了一份小清单，那么在看兽医时是很能派上用场的。

较小的伤病，你完全可以用你的家庭药箱解决，就像你的孩子一样。

健康检查

- □ 呼吸、脉搏和体温是否在正常范围之内？（健康小奶狗的呼吸：20～50次/分钟，脉搏：80～130次/分钟，体温：38.5～39.5°C）
- □ 眼睛黏膜是苍白的还是暗红色的？
- □ 眼睛（眼睑）是混浊的还是黏腻的？
- □ 皮毛是光泽浓密的，还是暗淡无光有皮屑的？
- □ 是否经常用爪子挠痒痒？
- □ 是否有液体从鼻子、嘴巴、耳朵、肛门、包皮/阴道流出？
- □ 嘴巴或耳朵有臭味吗？
- □ 食欲和饮水是否正常？
- □ 粪便和尿液是否正常？
- □ 走动是否顺畅，或是有跛脚现象？

苹果醋，蜂蜜及其他

作为一个全方位的家庭治疗药物——苹果醋，占据着绝对的主导地位。将它加入饮用水或食物中，可为你的小奶狗提供维生素和矿物质。它还可以增强小奶狗的免疫系统，并刺激新陈代谢。经常用蘸有苹果醋的刷子刷你的小奶狗，你会惊讶地发现它的皮毛在发光。此外，这么做还可以更好地去除小奶狗皮毛中的灰尘和皮屑，也能很好地预防瘙痒。苹果醋甚至还能给狗刷子消毒。如果你的四条腿朋友患有跳蚤感染，在给它沐浴后，可在它的皮毛上喷洒1份醋与2份水的混合物，以达到驱除害虫的目的。作为夏天的日常预防，你也可以每天这么做。

另外一个全方位治疗的“药物”——蜂蜜。它富含多种维生素、矿物质和酶，能提供宝贵的能量，弥补一些微量元素缺乏症。如果你的小奶狗患有呼吸道疾病，你可以用勺子喂你的小奶狗蜂蜜，或将蜂蜜添加在它的食物中（例如茴香蜂蜜）。由于蜂蜜含糖量较大，请注意只能适量添加。如果你的小奶狗患了急性流感时，每天喂2～3茶匙就够了。

植物医学方面的一颗耀眼明星——荨麻。它可以帮助你解决过敏、瘙痒、皮屑、皮肤和皮毛等方面的问题，荨麻富含维生素A、维生素C和矿物盐。叶绿素还能促进狗狗的新陈代谢，有助于血液生成和刺激腺体活动。选用它的嫩叶，新鲜煮透或风干。如果你喜欢自己采集，请用手套和篮子“武装”自己。但不要在道路两旁，

腹泻

如果小奶狗出现腹泻，你可以给它喂一些煮熟的米饭和去骨头的鸡肉。由于幼犬在腹泻时会很快脱水，所以一定要注意足够的液体摄入量。在饮用水中可加入少量肉汤或蜂蜜。如果腹泻持续超过两天，大便中有血块，或者还伴有发烧，快去请兽医！

也不要在狗经常散步的路边上采集。根据你四条腿朋友的体型大小，在食物中加入1～2汤匙干燥的草药或煎剂。用荨麻擦身可以阻止皮屑的产生，并为皮毛带来光泽。

酸奶通常可防止肠胃胀气，在狗狗的食物中加入1～2汤匙，可有效抑制肠胃产生气体，减少放臭屁的概率。

危急时刻的健康帮手——酸菜。如果四条腿旋风吞下了一个较小的异物，这种古老的家庭疗法有助于异物快速通过肠道。酸菜会缠绕住异物，将异物“打包”，让它安全地通过肠道，排出体外。顺便提一下，大多数狗狗认为酸菜的味道很美味，因而它们会直接食用。你也可以将它与煮熟的火鸡或蔬菜混合。酸菜含有维生素A，维生素C和维生素K以及重要的矿物质，有助于消化，尤其对于便秘，它是一种很好的药用食物。如果不确定，你的小奶狗是否真的以这种方式将异物排出体外，请去兽医处再检查一下！

致 谢

……**作者：**自始至终，我要特别感谢我的妻子纳迪娜（Nadine）。每天，当她和我们的一群小奶狗陪伴着我共同去迎接新的冒险历程时，我就会由衷地感到高兴。非常感谢我的团队！在这个团队中，大家全都兢兢业业。此外，我还要感谢所有参与了小奶狗的训练，尊重并接受小奶狗作为他们的朋友。感谢摄影师西尔克·克勒维茨-西曼（Silke Klewitz-Seemann）所做的不懈努力，她在一个全新的由人类和小奶狗组成的团队中，出色地完成了拍摄任务——与我们共同期待着完美时刻的到来。我还要把同样的感激之情献给插画家克里斯蒂娜·迪德里希（Christina Diederich）——当有人用寥寥几行简洁的文字替代了“千言万语”，言简意赅地表达出我的想法时，我都无法用语言来表达我的谢意。当然，如果没有我的编辑嘉比·弗兰兹（Gabi Franz），没有她一次又一次提出的各种质疑，以及她对此书倾注的热情，这本书不会像现在这个样子。与这样的团队合作，我感到无比的荣光！

……**摄影师：**衷心地感谢所有为本书插图做出贡献的小奶狗和人类模特。我感谢阿罗娜（Aloha）和考杜·魏斯（Cordula Weiß），梦克一家（Munk），露西（Lucky）和希阿拉（Chiara）以及丘克（Chuck）和麦拉尼（Melanie），他们都特别投入。此外，我要感谢巴特·梅根特海姆（Bad Mergentheim）的野生动物园，是他们让我拍摄了他们园中令人印象深刻的狼群，并允许我将这些照片应用到本书中。

……**插画家：**感谢我的孩子格雷塔（Greta），米亚（Mia）和汤姆（Tom）以及我的伊利斯·塞特·伊达（Irish Setter Ida），他们四人都是我取之不尽的灵感源泉。